탈주택

공동체를 설계하는 건축

일러두기

- 한국 건축법상 "가구"는 등기상 주택 분리가 되지 않은 단독주택에,
  "세대"는 등기가 세대별로 나뉜 공동주택의 세대를 셀 때 쓰인다.
  따라서 한국의 사례를 다루는 대목에서는 이를 구분하여 사용했다.
- 인명, 단체명을 비롯한 고유명사와 건축 용어의 외래어 표기는
  국립국어원의 외래어표기법을 따르되 관례로 굳어진 것은 존중했다.
- 단행본은 『 』, 보고서는 「 」, 신문과 잡지는 《 》, 전시와 프로젝트는
  〈 〉로 묶었다.

탈주택: 공동체를 설계하는 건축
脱住宅:「小さな経済圏」を設計する

2025년 2월 28일 초판 발행 · 2025년 5월 7일 2쇄 발행 · **지은이** 야마모토 리켄, 나카 도시하루
감수 박창현 · **옮긴이** 이정환 · **펴낸이** 안미르, 안마노, 오진경 · **편집장** 구민정 · **편집** 이주화
디자인 김승은 · **마케팅** 김채린 · **매니저** 박미영 · **제작** 세걸음 · **글꼴** AG 최정호체 Std., AG 최정호 민부리 Std.

안그라픽스
주소 10881 경기도 파주시 회동길 125-15 · **전화** 031.955.7755 · **팩스** 031.955.7744
이메일 agbook@ag.co.kr · **웹사이트** www.agbook.co.kr · **등록번호** 제2-236 (1975.7.7.)

ISBN 979.11.6823.086.6 (03540)

탈주택

공동체를 설계하는 건축

야마모토 리켄, 나카 도시하루 지음
박창현 감수
이정환 옮김

안그라픽스

판교하우징은 2006년 개최된 공모전에서 선정된 주택 모델
이다. 우리가 담당한 구역은 100세대의 집합주택으로, 이웃한
구역의 한쪽은 핀란드의 건축가가, 다른 한쪽은 미국의 건축
가가 담당했다. 전체 300세대의 사람들이 생활하는 주택 구역
이다. 우리의 제안은 꽤 과감했다. 100세대의 사람들이 커뮤
니티를 만들려면 어떻게 해야 좋은지를 제안하고 싶었다. 커
뮤니티는 사람들의 활동으로 이루어지는 것이다. 건축이 이
커뮤니티를 제안할 수는 없을까. 우리는 가능하다고 생각했
다. 그래서 판교하우징 공모전에서 건축 공간을 통한 커뮤니
티의 형성을 제안하는 주택 계획을 구상했다. 너무 대담해서
공모전에서 탈락할 수도 있다고 생각했지만 놀랍게도 우리의
제안은 받아들여졌다.

　　한국의 주택 사정은 현재 큰 변화를 보이고 있다. 앞으로
는 고령화사회다. 판교하우징 공모전은 그런 고령화사회에서
주택은 무엇을 해결할 수 있을지 논의해 보는 공모전이기도

했다. 우리는 건축가가 고령화사회에 대응해 새로운 제안을 건넬 수 있다고 생각했고, 판교하우징이 가장 유력한 제안이라고 판단했다.

100세대의 사람들을 아홉 개 그룹으로 구분하여 각각 열 세대, 열한 세대, 열두 세대 규모로 구성하고, 그룹마다 커먼 데크라고 불리는 커뮤니티용 데크를 설치했다. 데크로 접근하는 입구는 개방적으로 만들었다.

3층 건물의 한가운데 층이 커먼 데크다. 커먼 데크를 면하여 응접실이나 현관홀 등 다양한 용도로 사용할 수 있는 커다란 방이 있다. 그 방을 우리는 '시키이閾'라고 불렀다. 시키이는 공적인 공간과 사적인 공간 사이에 위치하며, 그 양쪽을 조정하는 방이다. 일반적으로는 응접실, 객실, 현관홀 등 다양한 이름으로 불린다. 한국의 옛 주택을 인용한다면 사랑방이라고 부를 수 있는 방이다.

사랑방은 외부로부터 사람을 맞이하는 방이다. 객실이나 응접실이라고 부를 수도 있다. 이러한 사랑방이 커먼 데크를 면하여 마련되어 있는 것이다. 그리고 우리는 이 사랑방, 즉 시키이를 투명한 공간으로 만들었다. 처음에 그 모습을 본 고객들은 너무나 개방적인 응접실이 마치 어항 같다며 큰 관심을 보이지 않았지만, 몇 세대가 입주하기 시작하자 순식간에 관심이 쏠리더니 결과적으로는 모두 매매가 이루어졌다.

왜 그랬을까? 바로 사랑방, 시키이 같은 방의 존재가 한 그룹을 비롯하여 여러 다른 그룹의 사람들이 모여 폭넓은 커뮤니티를 형성할 수 있게 했기 때문이다. 지금은 이러한 주민들이 함께 외부에 개방된 주택 공간으로 사용하고 있다. 나의 의도는 사랑방을 가게 같은 공간으로 만들고 그곳에서 경제적 수입을 얻는 것이지만 아직 거기까지는 실현되지 않았다. 하지만 이 사랑방을 중심으로 이루어지는 커뮤니티 활동은 다른 집합주택과 비교하면 훨씬 풍요롭다.

어느 날 주민들에게서 편지가 날아왔다. "야마모토 씨, 저희는 매우 쾌적한 생활을 보내고 있습니다. 언제 이곳에 오셔서 파티에 참석하시지 않겠습니까?"라는 내용에 주저하지 않고 판교하우징을 방문했다. 불고기 파티가 열렸고 일본 전통 술인 사케를 즐기면서 주민들로부터 높은 평가와 감사의 말씀을 듣고 정말 큰 감동을 받았다. 이런 경험은 처음이었다.

판교하우징은 나의 시키이라는 사고방식, 지역사회권이라는 사고방식의 발단이 된 주택이다.

나카 도시하루

2023년 서울 시내 옛 거리(서대문구 홍은동)에 5층짜리 집합주택 써드플레이스 6 Third Place 6을 완성했다. 예전부터 알고 지낸 에이라운드건축 박창현 건축가의 제안으로 프로젝트에 참가하여 기본 설계를 담당한 것이다.

써드플레이스 6은 '식당이 딸린 아파트'를 약간 크게 만든 듯한 건축물이다. 주거지와 일터(직장)를 조합한 주택으로 구성되었고, 1층에는 공용 휴게실과 사무실이 있다. 각 주택의 일터는 커다란 테라스를 사이에 두고 공용 복도를 면하고 있어 거주자의 개성이나 일터의 분위기가 오가는 사람들에게 그대로 전달된다. 이런 구성은 식당이 딸린 아파트에서 이미 실천해 보았기에 일터와 주거지를 융합한 공간 구성이 지역사회와 친화적으로 작용한다는 데에 자신감이 있었다.

놀라운 것은 박창현 씨의 활동이다. 지름이 500미터가 채되지 않는 지역 안에 써드플레이스 시리즈라고 이름 붙인 임대 집합주택 건물을 여덟 채나 조성했다고 한다. 모든 주택이 일터를 갖추고 있지는 않지만, 풍부한 커먼 스페이스common space (공용 공간)가 있다. 커먼 스페이스는 거리에서 잘 보이는 좋은 장소에 설치되었다. 여기서부터가 대단하다. 박창현 씨는 커먼 스페이스 여덟 개를 운영하면서 써드플레이스 시리즈 거주자가 자신이 생활하는 건물뿐 아니라 다른 써드플레이스 시리즈의 커먼 스페이스도 사용할 수 있게 했다. 앞으로 행정적 협력을 받아 지역 주민도 이 커먼 스페이스를 이용할 수 있도록 확대한다는 계획도 있다.

나는 평소에 이 책에서 소개하는, 식당이 딸린 아파트라는 점點을 어떻게 해야 지역사회 안에 면面으로 전개할 수 있을지 연구하고 구상해 왔다.

'고혼기의 집합주택'은 이러한 연구 중 하나다. 시원한 공간cool spot을 만들어내는 환경적 연구를 기반으로 지역사회에 참여하고, 나아가 지역 환경을 개선하는 데 기여한다는 사고방식을 근거로 설계한 것이다.

한편 이산적離散的인 네트워크 모델도 연구해 왔다. 고혼기의 집합주택은 식당이 딸린 아파트의 두 번째 작품으로, 원래는 "공방이 딸린 아파트"로 설계되었다. 그런 이유로 "○○이 딸린 아파트"를 지역 안에 전개하며 서로 연결하는 모델도 생각해 보고, 몇 개 대학에서 설계 연구 과제로 다루며 다양한 모델을 통해 프로그램이나 상호 이용 가능성에 관하여 검증해 왔다. 이런 상황에서 나의 구상이 서울에서 이미 실천되고 있다는 사실을 알고 정말 깜짝 놀랐다.

"탈주택"이란 프라이버시에 지나치게 편중된 거주전용주택에서 벗어나자는 건축적 대책이다. 탈주택을 향한 관심은 확실히 커지고 있고, 박창현 씨의 실천은 이를 향한 새로운 단계라 말할 수 있다.

이 책에서는 탈주택이라는 대책이 지역사회를 재구축하는 시행과 실천에 관하여 정리했다. 탈주택이라는 발상의 원점을 좀 더 많은 분이 이해할 수 있고 나 또한 각 지역에서 이미 실천되고 있는 선진적인 사례를 배울 수 있었기에 한국어판 간행에 진심으로 기쁜 마음이다.

엥겔스는 "주택문제는 2차 문제다."라고 지적하며 이렇게 말했다.

　"노동자와 근대 대도시 프티부르주아Petit Bourgeois의 일부 주택난은 현재의 자본주의적 생산방법에서 유래하는, 그보다 작은 수많은 2차 폐해의 하나다."I

　피폐해지는 도시주민을 구제하려면 주택문제를 해결해야 한다고 호소하는 사람들에 대응하여 그건 사소한 문제라고 웃어넘긴 것이다. 『주택문제』는 1872년에 출판되었다. 영국의 산업혁명에 따라 산업구조가 완전히 바뀌면서 그 부정적인 영향이 다양한 형태로 도시환경에 파급되는 시대였다.

　"그 시기는 주택난이 심각했다. 지방의 노동자들은 갑자기 대도시로 집중되었다."II 유럽의 도시 대부분은 혼란에 빠졌다. 일자리가 없는 사람들이 잇달아 몰려들면서 원래의 도시주민들에 뒤섞여 도시 전체에 쓰레기와 오물이 내뿜는 악취가 가득 찼다. "원래의 도시주민"이란 본인의 손으로 그 도시를 만들어 온 상인이나 기술자 들이다. 엥겔스는 그들을 가리켜 "프티부르주아(소시민)"[III]라고 경멸했지만, 정작 가장 큰 피해를 당한 것은 그들이었다. 따지고 보면 그들이 오랜 시간에 걸쳐 만들어 온 도시가 붕괴되어 버린 것이다. 도시는 이제 주거할 만한 가치가 있는 장소가 아니었다. 중세 시대부터 그 도시를 지탱해 온 생활 기반 자체가 파탄에 이르렀기 때문이다.

생활 기반은 도시를 흐르는 하천이다. 템스강과 센강이 가장 중요한 기반 시설이었다. 하천은 수상 운반에 도움을 주었고 물레방아를 에너지원으로 활용할 수 있었으며 하수를 처리하는 역할도 했다. 빗물은 물론이고 배수나 오수도 하천으로 흘러갔다. 그런데 외부에서 밀려들어 온 사람들로 인구가 폭발적으로 증가하면서 신흥 공장에서 배출되는 공업용 폐수나 폐기물까지 그대로 하천으로 유입되었고, 사실상 흙탕물이 되어버린 템스강의 엄청난 악취 때문에 의원들이 숨을 쉴 수가 없어 의회를 열지 못할 정도였다.

엥겔스의 또 다른 저서 『영국 노동자 계급의 상태Die Lage der arbeitenden Klasse in England』에는 도시생활자의 비참한 상태가 면밀하게 기재되어 있다. 즉 엥겔스는 그런 비참함을 충분

I   フリードリッヒ・エンゲルス(著),
     大内兵衛(翻訳), 『住宅問題』, 20頁,
     岩波文庫, 1949.

II   フリードリッヒ・エンゲルス(著),
     大内兵衛(翻訳), 위의 책, 五頁, 1949.

III カール・マルクス(著),
     フリードリッヒ・エンゲルス(著),
     大内兵衛(翻訳), 『共産党宣言』,
     五七頁, 岩波文庫, 1951.

히 이해하고 있었다. 그런데도 그는 연이어 도시로 밀려들어 오는 사람들을 "프롤레타리아트"라고 부르며 원래의 도시주민(프티부르주아)과 구분했다. 정말로 구제해야 할 대상은 프롤레타리아트이며, 그들을 구제하려면 그들 자신에 의한 혁명 밖에 없다고 생각한 것이다.

엥겔스는 이 비참한 상태를 단순한 주택문제로 삼아서는 안 되며, 주택문제로 삼아 해결하려 한다면 절대로 프롤레타리아트의 혁명과 이어질 수 없다고 말했다. 그는 노동자 문제를 주택문제로 삼는 사람들을 공상적(유토피아적) 사회주의자라고 불렀다. 그것은 비웃음이었다. 노동자나 소시민(프티부르주아)이 주택을 소유하려면 어떻게 해야 좋을지 필사적으로 그 방법을 고안하려 한 피에르 조제프 프루동(프랑스의 무정부주의 사상가이자 사회주의자), 실제로 어떤 주택을 개발해야 하는지 구체적으로 제안한 에밀 작스(오스트리아의 경제학자), 프랑수아 마리 샤를 푸리에의 영향을 받아 파밀리스테르 familistère라는 노동자 주택을 실제로 만든 장바티스트 앙드레 고댕(주철로鑄鐵爐 제조 공장 경영자), 뉴 래나크에 위치한 자신의 방적 공장에 노동자들이 공동으로 생활할 수 있는 장소를 만든 로버트 오언…. 그들은 주택뿐 아니라 그 기반을 고려하여 미래의 생활을 생각한 사람들이다. 특히 오언과 고댕은 노동자를 구제하기 위한 환경을 실현해 당시로서는 큰 성공을 거두었다. 하지만 엥겔스는 그들을 이렇게 비판했다.

"프롤레타리아트에 의한 혁명은 역사적 필연이다. 그 의미를 전혀 이해하지 못하는 무지한 녀석들!"

엥겔스는 꽤 강력한 말투로 비판했는데, 나는 이와 비슷한 말을 들은 기억이 있다.

"주택문제는 정치적 문제다. 건축적 제안은 정치적 결단 이후에 그 결단을 따라 작성되어야 한다. 이를 기다리지 않고 일방적으로 건축적 제안을 선행한다면 그런 제안은 건축가가 만든 '유토피아'일 뿐이다."

우리 건축가는 실제로 건축을 설계하고 만든다. 건축 공간을 만드는 사람들에 대한 이런 비판은 엥겔스의 말투와 똑같다.

건축은 누구를 위해 만들어지는가. 지금 현실적으로 지역 사회에서 생활하고 있는 주민을 위해서다. 동시에 미래 주민을 위해서다. 건축은 한번 만들어져 버리면 오랜 기간 같은 장소에 서 있다. 개인의 일생보다 더 긴 시간 동안 그곳에 존재하기도 한다. 건축은 미래의 사람들에게 이어지기를 기대하며 만들어진다. 지금 주택을 설계하고 만드는 행위는 이 주택에 살게 될 미래 주민을 생각하는 일이다.

그런데 "건축가가 주민의 미래를 생각하다니, 그런 것까지 부탁하고 싶은 생각은 없다. 그런 건 행정과 현재의 주민이 생각할 문제다. 그런 사람들의 의견을 듣고 그들의 관점에서 살기 편한 주택을 만드는 것이 건축인데, 함부로 건축가가 자신의 꿈같은 주택을 제안한다고 해도 현재의 주민은 그런 주택에는 살 수 없다. 주택은 사생활을 보장하고 보안만 잘되면 그것으로 충분하다. 그 후의 문제는 주민에게 맡기면 된다. 주민의 의지가 우선이고 건축 공간은 그 사고방식에 맞추어 만들어져야 한다."라는 믿음이 강하게 뿌리를 내리고 있었기에 공간적 제안을 하는 건축가는 항상 "공상적(유토피아적) 사회주의자"가 된다.

하지만 지금 우리가 사는 2DK나 3DK라는 주택도 전후에 건축가들이 고안한 주택이다. 지금은 당연하게 여길 정도로 몸에 익숙해져 있지만 원래는 제2차 세계대전 이후 유럽으로부터 직수입된 노동자 주택 모델이다. 즉 그때까지 존재했던 주택과는 전혀 다른, 부부와 직계 자녀(핵가족)만이 거주하는 주택인 '1가구 1주택'이다. 임금노동자(샐러리맨)를 위한 전용주택으로, 아이를 낳고 기르기 위해 특별하게 설계된 주택이었다. 노동력을 재생산하기 위한 주택이기에 그때까지의 주택과 비교하면 사생활(밀실성密室性)에 대해 이상할 정도까지 신경을 썼다. 성현상性現象(성행위, 성적 욕망의 총체)을 위한 밀실성이다.

고도성장기, 즉 누구나 자녀를 낳고 기르는 것이 당연하다고 생각했던 시대에는 이런 성현상을 위한 주택은 분명히 일정한 (국가적) 역할을 담당했다. 하지만 사생활만을 중시하는 이런 주택은 현재 그 역할을 다했다. 그런데도 공공은 물론이고 민간 시행사까지 아직도 이런 밀실 같은 주택을 계속 만들고 있다. 사회학자는 밀실 주택으로 구성된 사회를 조사하더니 이러한 기반에서 지역사회는 탄생하기 어렵다고 말한다. 또 경제학자에게 주택은 단순한 상품일 뿐이다. 그리고 사생활과 보안이 철저한 밀실 주택은 잘 팔리는 상품이다. 한편 철학자는 서로를 돕는 사회의 중요성을 이야기한다. 사생활과 보안이 철저한, 잘 팔리는 상품으로서의 주택과 서로를 돕는 사회의 공존은 그 자체로 모순이 아닐까. 하지만 여전히 이런 주택 공급 구조를 전제로 삼아 사회가 만들어지고 있다. 조사하는 주체가 이런 구조 안에 있으면서 이 구조를 조사하고 비평할 자격이 있는지 근본적인 의문이 든다.

물론 건축가도 같은 모순을 공유한다. 우리 역시 주택을 설계할 때 1가구 1주택이라는 형식을 추구하고 있다. 어떻게 하면 이 모순으로부터 벗어날 수 있을까? 어떻게 해야 1가구 1주택과는 다른 주택을 만들 수 있을까?

『탈주택』은 근본적인 문제에 대한 의문이자 새로운 거주 시스템에 대한 제안이다.

『탈주택』은 나카 도시하루 씨와 집필한 공저다. 나카 씨는 기존의 1가구 1주택 시스템을 대신하는 새로운 주거 방식에 관하여 공동으로 연구한 분이다. 이 새로운 주거 방식을 우리는 지역사회권地域社会圈 시스템이라고 부른다. 단순히 주택만을 대상으로 삼는 제안이 아니라 주택을 지탱하고 있는 에너지 기반 시설이나 교통 기반 시설, 간호나 간병의 구조, 가족끼리

만 의지하지 않고 이웃과 상부상조하는 자녀 양육의 구조 등
과 함께 주택의 공급 시스템에 관하여 생각한다. 가장 중요한
것은 경제다. 노동자 전용주택은 경제권으로부터 멀리 벗어나
버렸다. 노동자는 주택으로부터 멀리 떨어져 있는 노동 현장
으로 출퇴근한다. 남겨진 주택은 주인이 돌아오기만을 기다리
는 단순하기 그지없는 공간이 되어버린다. 왠지 쓸쓸함이 느
껴지는 공간이다. 일찍이 사람들이 서로의 피부를 느끼고 북
적이며 살았던, 경제와 주거가 밀착되었던 주거 방식과는 전
혀 반대인 형태다. 그렇기에 지역사회권 시스템의 핵심은 경
제와 함께 생활하는 주거 방식이자 제안이다.

나카 도시하루 씨는 실제로 이런 주거 방식에 해당하는 집
합주택을 만들었다. 작은 집합주택이다. 작지만, 아주 작지만,
지역사회권을 실현한 것이다.

차례

서문　**주택에 갇힌 '행복'**　야마모토 리켄

1부　**시행**　야마모토 리켄

모든 것은 여기에서부터 시작되었다
구마모토현 호타쿠보 제1단지

공영주택은 누구를 위한 것인가
요코하마 시영주택 미쓰쿄하이쓰

Small Office Home Office
베이징 젠가이SOHO

작업실로도 사용할 수 있는 주택
시노노메 캐널 코트 1구역

비즈니스가 가능한 가설주택
헤이타 모두의 집

한국 공영주택의 자유
성남 판교하우징

커뮤니티를 만드는 방법
서울 강남하우징

작은 경제의 건축 공간
식당이 딸린 아파트

순환하는 공간으로
고혼기의 집합주택

주택에 갇힌 '행복'

야마모토 리켄

노동자를 위한 주택

19세기 산업혁명 이후 우리의 생활 방식을 둘러싼 환경이 급격하게 변했다. 그중에서도 가장 큰 변화 중 하나는 '1가구 1주택'이라는 주거 방식의 보편화다. 한 가족이 한 주택에 사는 주택 형식의 탄생이다. 그리고 사람들 대부분이 이것이야말로 이상적인 주택이라고 받아들이게 된 것은 그야말로 주택 혁명이라고 부를 수 있을 정도의 20세기 대전환이며 한 세기를 상징하는 사건 중 하나다.

1가구 1주택의 탄생에는 산업혁명이 큰 영향을 끼쳤다. 이 주택은 산업 노동자를 위해 발명되었기 때문이다.

노동자는 일정한 노동력에 대해 시급으로 대가를 받는 임금노동자를 가리키는데, 산업혁명으로 생산성이 폭발적으로 향상하면서 산업계는 이러한 생산성의 증폭을 맞추기 위해 노동자를 확보해야 했다. 한편 급격한 산업구조의 변화로 도시에는 노동자가 대량 유입되었다. 주택은 부족해졌고 노동자들은 거의 노숙자처럼 열악한 주거 환경 속에서 생활할 수밖에 없는 상황에 놓였다. 그러자 노동자가 필요한 산업자본가들이 주축이 되어 노동자를 위한 거주환경을 정비하려 했다.

―――― 앞쪽

2018년 1월 11일 목요일 15시
요코하마시가 이상적인 주택으로 개발한
요코하마 미나토미라이지구의 아파트.
보안을 위해 1층은 높은 벽으로 둘러쌌고
상업 시설은 전혀 없다. 낮에는 사람들이
밖에 있는 모습을 거의 볼 수 없다.

즉 주거 환경 정책은 우수한 노동자를 확보하고 생산성을 더욱 향상한다는 목적으로 펼친 정책 중 하나였다. 그 결과, 한정된 토지에 노동자를 효율적으로 수용하는 한편으로 그들의 프라이버시를 지킬 수 있는 주택이 등장했다.

프라이버시를 지킨다는 것은 거주자들이 서로 간섭하지 않는다는 뜻이다. 1848년 발생한 파리 2월혁명은 노동자가 일으킨 폭동으로 여겨졌다. 산업자본가들은 큰 충격을 받고 혹시라도 노동자들이 또 모여 폭동을 일으킬지도 모른다는 우려 때문에 각 주택을 정리하고 그곳에서 생활하는 노동자들을 관리할 수 있는 주택을 발명했는데, 이것이 1가구 1주택 시스템의 발단이다. 이런 사고방식은 제1차 세계대전 이후의 주택 정책에도 적잖이 반영되었다. 가족이야말로 단순한 주택정책을 초월하여 국가 운영에 가장 중요한 조건이 되었다.

1가구 1주택은 노동자를 위한 주택이다. 노동자는 자기 노동력을 팔아 임금을 받는 사람이다. 마르크스는 노동력이라는 개념을 발견했다. 모든 인간은 일정한 노동을 할 수 있는 능력(노동력)이 있으며, 노동자는 노동력을 자본가에게 팔아 대가를 받는다. 한 인간은 그와 그 가족이 살기 위해 필요한 정도 이상의 노동력이 있으며, 자본가는 그 남아도는 노동력을 착취하여 자기 이윤으로 삼는다는 것이 마르크스의 노동 이론이다. 그는 노동력은 추상적인 개념이며, 누구나 똑같다고 평가한다. 즉 누구라도 대체할 수 있는 능력이라는 의미다. 노동력이라는 사고방식에 노동자의 개성은 관계없다. 특출난 능력이 있는가 하는 점도 관계없다. 동일 노동, 동일 임금이다. 노동자의 노동력은 기본적으로 균일하다는 가정 아래에 금전으로 환산되며 환산 기준은 시간, 즉 시급이다. 그래서 일정한 시간에 효율적으로 기능할 수 있는 균일하고 안정된 노동력을 확보하기 위한 공간으로서 노동자 주택이 탄생한 것이다.

그리고 노동자 주택은, 남성은 회사에서 일하고 아내인 여성은 집에 머무르면서 가사를 돌본다는 분업 체제와 함께 자녀를 양육하는 데 적합한 환경으로 고안되었다. 성현상性現象, sexualité[I]을 위한 부부의 침실과 자녀의 방, 식사하기 위한 다이닝 키친 등, 19세기 유럽에서 발명된 노동자 주택은 우리에게도 이미 친숙한 nDK, nLDK라는 배치와 기본적으로 같다. 사방이 벽으로 둘러싸여 있어 가족의 프라이버시를 충분히 확보할 수 있다. 여러 가족이 모여서 생활하는 듯 보이지만 이웃집

I　ミシェル・フーコー(著), 渡辺守章(翻訳),
『性の歴史I－知への意志』, 九頁, 新潮社, 1986.

과는 벽으로 차단되어 서로 간섭하지 않고 생활할 수 있다. 회사는 노동자로서 일하고 임금을 받는 장소이고, 주택은 타인의 간섭을 받지 않고 가족과 함께 평온하게 지내면서 자손을 남기는 장소이며 노동을 통해서 얻은 금전을 소비하는 장소이다. 두 공간은 각각 일을 하는 공간과 가족과 함께 생활하는 공간으로 목적이 엄밀하게 양분되었다.

노동자들도 이러한 평온한 생활을 이상적으로 받아들였다. 노동자의 관점에서 보면 일터에서 벗어나 가족의 프라이버시를 지키면서 평온하게 지낼 수 있는 공간이니까 크게 나쁠 것 없었다. 한편 공급자로선 모든 노동자에게 똑같은 주택을 공급하는 방식을 통해 가족이 재생산되는 것이다. 흩어지지 않는 균일한 노동력을 지속적으로 확보할 수 있고, 이는 제각각이지 않은 균일한 제품의 생산과 그대로 연결된다. 직접적으로는 이윤과 연결된다. 19세기 산업자본가의 이런 사고방식은 제1차 세계대전 이후의 국가 운영 시스템에도 큰 영향을 끼쳤다.

사생활이라는 행복의 형태

이런 사고방식은 제2차 세계대전 이후의 일본에 그대로 이식되었다. 1951년 공영주택법이 시행되면서 1955년 일본주택공단(현 도시재생기구)이 설립되었고 그 후 전국 각지에 공영주택과 공단주택이 잇달아 만들어졌다.

새롭게 탄생한 도시주민은 이 1가구 1주택 시스템을 바탕으로 지어진 공공주택에 달려들었다. 가족의 프라이버시를 확보할 수 있다는 점이 무엇보다 큰 호평을 얻었다. 그때까지 여러 세대가 동거하는 목조주택에서 생활했던 사람들의 상황을 생각해 보면 당연한 현상이다. 가족의 프라이버시란 가족만의 사생활이다. 그리고 그 사생활의 중심은 구체적이고 현실적인 성현상 장소, 즉 부부의 침실이다. 설사 기존 주거 형태에 부부의 방이 있다고 해도 칸막이는 고작해야 장지문이나 미닫이문이어서 작은 소리도 모두 새어 나가 성현상을 위한 비밀스러운 장소는 확보할 수 없었다. 그런데 사방을 콘크리트로 둘러싸고 철문으로 차단한 주택이 등장했으니, 젊은 부부에게(젊지 않더라도) 꿈같은 주택이었다.

전후의 새로운 주거 형태를 연구한 니시야마 우조는 종전 직후인 1947년에 저술한 『앞으로의 주거—주거 양식 이야기』[1]에서 주택에서 사생활 확보가 얼마나 중요한지를 역설했다. 니시야마는 식사하는 장소와 잠자는 장소를 구분하는 식침분리食寢分離 및 부부의 방과 자녀의 방, 그리고 자녀의 성별에 따라 방을 나누는 취침분리就寢分離를 거론했는데, 부부 침실의 격리가 얼마나 중요한가 하는 점을 특히 강조했다. 즉 사생활의 중심에 부부의 침실이 존재하며 성을 존중하는 시대가 열릴 것이라고 예언한 것이다. 니시야마의 이런 사고방식에 근거하여 요시타케 야스미 등이 구체적인 주택 배치 방법을 고안했고, 2DK에 약 35㎡ 정도의 공공주택 모델이 만들어져 전국적으로 보급되었다. 다이닝 키친dining kitchen도 이때 고안된 명칭이다. 사람들은 이런 주택에 살게 되면서 부부의 애정, 자녀 교육, 건강관리 등 이상적인 주거 생활을 배워나갔다.

그 후 건축가가 주택을 만들 때는 사생활을 누리는 장소로서의 주택이어야 한다는 것이 대전제가 되었다. 당시에는 이런 주거 형태에 문제가 발생할 수 있다는 것을 아무도 생각하지 못했다. 건축가들 역시 마찬가지였다.

부부와 자녀라는 단위가 가장 적합한 생활 단위로 여겨졌

---

[1] 西山夘三, 『これからのすまいー住樣式の話』, 相模書房, 2011.

다. 이는 성현상의 기본단위이며 자녀를 낳는 단위인 동시에 육아의 단위였다. 하지만 가장 단순하고 명쾌한 단위를 생활의 기초단위로 삼는 주거 양식은 커다란 문제를 끌어안고 있었다. 이 작은 단위 안에 모든 게 갇혀버린다는 것이다. 그야말로 생활의 모든 것 말이다. 바꾸어 말하면 1가구 1주택에 사는 사람들은 그러한 갇힌 생활을 당연하게 여겼다. 그 갇힌 생활의 상징이 프라이버시 존중이다.(실제로 프라이버시라는 말의 어원에는 "갇히다" "격리되다"라는 의미가 있다.) 프라이버시가 인간의 생활에서 가장 중요하며, 이를 지키며 살아가는 것이 진짜 행복이라고 생각하게 된 것이다. 우리는 1가구 1주택의 내부에 갇혀 생활하기 시작하면서 문제가 발생할 수도 있다는 문제의식은 조금도 없이 '행복한 주거 양식'을 받아들였다. 그리고 국가정책을 포함한 사회 인프라스트럭처(이하 인프라)와 모든 사회구조가 1가구 1주택이라는 주택 양식을 전제로 구축되기 시작했다. 사실은 그 안에 완벽하게 수용되고 갇혀버린 것인데, 그것이야말로 행복이라고 착각하게 된 것이다.

핵가족은 가족 진화의 최종 형태인가

철학자이며 사상가인 한나 아렌트는 그런 사생활을 "순환하는 생명 과정"이라고 불렀다. 자녀를 낳고 양육하고, 그 자녀는 마찬가지로 가족을 재생산한다. 양육되는 아이들은 다음 세대의 생명을 잇기 위해 존재하는 듯한, 그런 순환이 "순환하는 생명 과정"이다. 각각의 인생은 종의 생명 과정에 조합되며 다음 세대로 생명을 잇기 위한 순환 과정 일부에 지나지 않는다는 뜻이다.

19세기 산업자본가와 20세기 민족국가nation-state, 즉 관료제 국가의 운영자는 이러한 사고방식을 누구나 받아들이도록 하는 데 1가구 1주택이라는 주택 공급 시스템이 매우 효과적이라고 판단했다. 한편 그곳에 사는 사람들은 사생활이란 어떻게든 지켜내야만 하는, 생활의 모든 것이라고 생각하게 되었다.

그곳에서 사는 사람들, 그리고 그곳을 설계한 건축가들도 여기에 문제가 있다는 사실을 깨닫지 못했다. 전혀 자각하지 못했다. 대부분이 행복은 주택 안에 존재한다고 믿었다.

그리고 현재 그 믿음은 큰 착각이었다는 사실이 점차 드러나고 있다. 실제로 1가구 1주택이라는 형식의 주택을 공급하고 그곳에서 가족을 재생산하는 모델은 지금 파탄에 이르렀다. 자녀 양육이건 간병이건 가족만으로는 생활을 영위하기 힘들어진 것이다. 그리고 국가행정은 이를 보완하는 데 필요한 사회보장비를 감당하지 못한다. 주택 내부의 행복이 그 내부로부터 무너지기 시작하고 있다.

1가구 1주택이라는 형식이 무너지면 무슨 일이 발생할까. 어떤 사회학자는 모든 사람이 '외톨이'가 된다고 말한다. 실제로 도쿄 23구역은 단독 세대 비율이 약 49퍼센트(2012)에 이르러 전 세대의 절반가량이 단독 세대다. 1가구 1주택이 무너지면 확실히 혼자 생활하는 사람이 증가할지 모른다. 그러나 동거하는 가족이 없다는 데 문제가 있는 것이 아니다. 혼자임에도 여전히 1가구 1주택의 프라이버시를 지켜야 한다는 전제로 주택에 갇혀 살아가는 상태가 문제다.

여기서 또 하나, 건축가를 비롯해 많은 사람이 착각하고 있는 것이 있다. 현재의 핵가족이 진화의 최종 형식이라는 착각이다. 1가구 1주택은 핵가족을 위한 거주 형식이다. 이것이야말로 근대화에 따라 정착한 최종 주거 형식이라는 사고방식은 건축가를 포함한 많은 사람이 떨쳐내기 어려운 믿음(이데올로기)이지만, 이는 앞에서 설명했듯 질 좋은 노동력을 재생산하기 위해 인위적으로 만든 형식에 지나지 않는다. 즉 최종 형태도 그 무엇도 아니다. 핵가족을 위한 주거 형식인 1가구 1주택이 더는 도움이 되지 않는다면 다른 형식을 생각하면 될 뿐이다. 그런데도 1가구 1주택의 붕괴에 대해 품는, 모두 외톨이가 되어버린다는 지나친 위기감은 우리가 얼마나 1가구 1주택이라는 주거 형식을 신봉하고 있는지 잘 증명한다.

시키이라는 공간

핵가족이 가족 진화의 최종 형식이 아니라면 그다음에 기다리고 있는 가족의 형식, 주거 형식은 무엇일까?

사실 이 의문 자체에 문제가 있다. "그다음"이 아니라 핵가족을 대신하는 가족의 형식은 무엇인가, 1가구 1주택과는 다른 주거 형식은 무엇인가 하는 의문이어야 한다. 1가구 1주택이라는 주거 형식 자체에 본질적인 문제가 있으니까.

건축가는 이 의문에 어떻게 대답할 수 있을까. 단독주택이건 집합주택이건 건축가는 항상 이 의문에 대한 답을 찾아야 한다. 이미 설명했듯, 현실적으로 1가구 1주택은 막다른 곳에 처했기 때문이다.

그렇다면 다른 주거 형식은 구체적으로 어떠해야 할까. 새로운 주택은 단순히 가족만의 내부에 갇혀 있지 않고 외부로 개방되어야 한다. 주택은 외부에 어떤 식으로 개방될 수 있을까 하는 의문은 오랫동안 많은 건축가를 고민에 빠트렸지만, 사실 이 의문 자체는 모순을 끌어안고 있다. 1가구 1주택이라는 형식은 사생활을 위한 주택이다. 내부 프라이버시를 지키기 위해 만든 주택이라는 전제를 두는 한 외부로 개방한다는 말 자체가 모순이다.

1가구 1주택은 내부에서 생활하는 가족의 사생활을 지키기 위해 만들어졌다. 내부에서 일어나는 행복을 지키기 위해 만들었는데 외부를 향해 개방해야 한다고 말한다면 현재 그곳에 사는 사람들로서는 쓸데없는 간섭일 뿐이다. 그들은 가족의 프라이버시 보호를 바라기 때문이다. 그곳에서 생활하는 사람들이 특별히 외부로 개방할 필요를 느끼지 않는데 그렇게 하라고 말하는 것은 무리다.

이 모순을 어떻게 극복해야 하는가 하는 문제는 1가구 1주택의 내부에서 생활하는 한 해결할 수 없다.

그렇다면 어떻게 해야 할까. 그 해답 중 하나가 시키이閾 (이쪽과 저쪽의 경계를 표현하는 문지방 같다는 뜻―옮긴이)라는 공간의 가능성이다.[1] 여기에서 시키이는 안과 밖을 구분하는 하나의 선이 아니라 공간적인 넓이다. 시키이는 외부로부터 사람을 맞이하는 공간이며 외부의 공간과 교류하기 위한 공간이다. 주의해야 할 점은 외부의 공간(공적인 영역)과 내부의 공간(사적인 영역) 중 그 어느 쪽에도 속하지 않는 중간적 공간으로서 존재하는 것이 아니라 어디까지나 사적 공간의 일부라는 것이다. 사적인 공간 안에 있는 공적인 공간이 시키이다. 응접실일 수도 있고 툇마루일 수도 있는 등 모양과 형태는 다양하지만 모두 외부로부터 사람을 맞이하기 위한 공간이다. 시키이를 도식화해 나타내면 조롱박 같은 모양이 된다. 단, 이 공간을 실제로 지금의 주택 안에 만든다면 어떤 역할의 공간으로 만들어야 할지 명확하지 않다.

예를 들어 1992년 완성된 오카야마의 주택[2]은 가족 전체보다 가족을 구성하는 각 개인에게 주목하여 개인의 방을 직접 외부와 연결한, 즉 개인의 방을 거쳐 가족을 위한 사적인

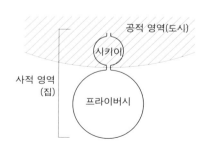

1―― 시키이의 개념도
시키이는 사적 영역 안에 존재하는 공적 영역이다. 집이라는 사적인 영역 안에서 도시라는 공적인 영역으로 개방된 장소다. 두 영역을 서로 연결하는, 또는 분리하는 건축적 장치다. 한나 아렌트는 이를 "no man's land"라고 불렀다.

공적 영역(도시)

시키이

사적 영역 (집)

프라이버시

공간으로 들어갈 수 있는 주택이다. 외부로 연결되는 현관문이 아빠, 엄마, 자녀 등 각 개인실로 직접 연결된다. 각각의 개인실이 시키이에 해당하는 공간인 것이다.

그림으로 보면 개인실은 외부와 직접 연결되어 외부 공간과의 관계를 만들 수 있지만 각 개인실이 실제로 어떻게 사용되어야 하는가 하는 문제에 관해서는 상당히 애매하므로 그렇게 간단한 이야기는 아니다. 개인실이라는 말이 무엇을 의미하는지도 모호하다. 침실일까 공부방일까 아니면 서재일까? 또는 작업실일까?

오카야마의 이 주택뿐 아니라 내가 그때까지 설계해 온 주택 대부분은 항상 외부에 어떻게 개방해야 하는가 하는 것이 기본 주제였지만 모두 성공을 거둔 것은 아니다. 내가 제안한 주택 역시 1가구 1주택이라는 구속에서 벗어나지는 못했기 때문이다. 1가구 1주택은 기본적으로 사생활 지키기를 전제로 삼은 주택이다. 내부만을 놓고는 아무리 고민해도 역시 외부로 개방하기 어렵다. 외부와의 관계를 위해선 외부 공간도 함께 설계해야 한다. 주택 내부만을 놓고는 아무리 진지하게 생각해도 좀처럼 제대로 된 해답을 찾기 어렵다.

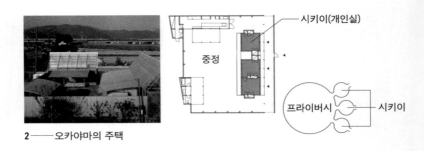

2——오카야마의 주택

진화의 역사에서 볼 수 있는 다양한 가족 형식은 사실 가족과 외부 사이의 관계다. 여기에서 말하는 외부는 가족을 포함하는 상위 공동체다. 상위 공동체와의 관계는 다양한 가족 형식을 나타낸다. 예를 들어 에도시대 가부장제 가족(집)의 경우, 상위 공동체는 마을이나 지역이었다. 가장은 가족공동체의 수장인 동시에 마을공동체나 지역공동체의 정식 구성원이었다. 바꾸어 말하면 정식 구성원이기에 가족의 수장이 될 수 있는 자격이 있었다. 가족공동체는 마을공동체나 지역공동체를 구성하는 부분집합이었고, 가족은 이러한 가족공동체와 상위 공동체의 관계 안에 존재했다. 나는 이 관계를 "공동체 내 공동체"라고 부르는데, 어떤 가족이건 이런 공동체 내 공동체로서 존재한다는 것이 나의 기본적인 사고방식이다.

나아가 시키이는 공동체 내 공동체로서의 가족과 상위 공동체의 관계를 조정하기 위한 공간이다. 과거 툇마루나 사랑방은 상위 공동체의 구성원을 맞이하는 공적인 공간이었다.

즉 시키이는 집이라는 사적 공간 안에 존재하는 공적 공간이다. 그런 관점에서 보면 역사적으로든 지역적으로든 다양한 가족 형태가 존재하는 것은 공동체 내 공동체라는 가족이 다양하게 존재하기 때문이다. 상위 공동체와의 관계에 따라 가족은 여러 가지 모습을 띨 수 있다. 이는 가족진화론과는 결정적으로 다른 해석 방법이다.

또 한 가지, 가족의 문제는 상위 공동체, 즉 외부(공적 공간)와의 관계를 고려하지 않고 단순히 내부에 존재하는 구성원 간 문제만으로는 처리할 수 없다. 예를 들어 가부장제의 지배 아래에서 필연적으로 발생하는 성차별은 가족 내부만의 문제가 아니다.

그렇다면 지금의 핵가족은 어떤 공동체 내 공동체 구도일까. 그리고 상위 공동체는 무엇일까.

상위에 직접적으로 존재하는 공동체는 국가다. 니시카와 유코는 "근대 가족(핵가족)은 국가를 구성하는 기초단위다."[1]라고 말했는데 건축가의 눈으로 보아도 그렇다.

핵가족은 마을공동체나 지역공동체 같은 중간 집단을 뛰어넘어 직접 (관료제적) 국가와 연결된다. 주택을 기준으로 말한다면 주택은 사적 공간이고 그 주변은 관료 기구에 의해 분리된, 인프라를 위한 공간이다. 일상생활에서는 국가를 의식할 경우가 거의 없지만 1가구 1주택의 외부는 관료제적으로

| 西川祐子, 『近代国家と家族モデル』,
    二頁, 吉川弘文館, 2000.

관리되는 공간이다. 구체적으로 말하면 1가구 1주택의 외부는 인프라망으로 뒤덮인 국토 전체다. 우리는 교통 인프라는 국토교통성, 에너지 인프라는 경제산업성, 의료나 복지는 후생노동성, 교육은 문부과학성 등 인프라망으로 뒤덮인 공간이 공적 공간이라고 믿고 있지만 그렇지 않다. 단순히 국가의 관료 기구가 사적으로 분할 통치한 공간에 지나지 않는다. 이 공간들은 필요에 따라 기능적으로 만들어지고 관리된다고 알려져 있다. 이처럼 단순히 기능적으로 만들어져 공적으로 관리되는 공간이라고 생각하기 때문에 평소에 특별히 의식하지 않은 것이다. 관료 기구의 그야말로 교묘한 국민 관리 방법이다. 공간적 구조가 지금처럼 철저해진 것은 유럽에서는 제1차 세계대전 이후부터고 일본에서는 제2차 세계대전 이후부터다.

관료 기구의 관점에서는 너무나 편한 시스템이다. 사적 공간(주택)의 외부는 관료 기구가 의도한 대로 되었으니까. 현실적으로 그렇다. 사람들 대부분은 이곳을 공적인 공간이라고 믿고 있다.

이렇게 된 주요 원인 중 하나가 주택정책, 주택의 공급 시스템이다. 1가구 1주택이라는 공급 시스템에 따라 가족의 생활이 주택 안에 갇혀버린 데에 원인이 있는 것이다. 1가구 1주택이라는 주택에서 생활하는 가족이 핵가족인데, 핵가족이라는 호칭도 가족의 폐쇄성에 영향을 끼치는 요인이었다. 핵이라는 말에는 더는 나눌 수 없는 최소 단위라는 뉘앙스가 있다. 한편 이런 핵가족이 국가를 구성하는 핵이 되어 가족의 생활에서 발생하는 다양한 문제는 모두 이 최소 단위의 내부에서 개인이 책임지고 감당해야 한다는 의미가 암묵적으로 포함된 듯 느껴진다. 가족의 문제는 자기 책임이기 때문에 국가는 개입하지 않는다는 것이 1가구 1주택이라는 주택 공급 시스템의 본질적인 의미이다. 1가구 1주택은 (관료제적) 국가에 최대한 부담을 주지 않기 위한, 그야말로 국가의 형편에 맞게 설정된 시스템이었다. 외부로부터건 내부로부터건 관료제적 국가에게 이보다 편한 정책은 없다.

우리는 그다지 자각하지 못하고 있지만, 전쟁 이후의 1가구 1주택은 그야말로 주택 혁명이라고 부를 수 있을 정도로 거대한 사회적 변혁이었다.

지역사회권

무엇이 공적 공간이고 무엇이 사적 공간일까. 양쪽은 어떤 관계일까. 그 관계는 그 장소에서 생활하는 사람들 자신이 정해야 한다. (관료제적) 국가가 아니라 그곳에 사는 사람들이 스스로 결정하는 것이다. 가족공동체와 마을공동체, 지역공동체는 그런 관계였다.

이것도 1가구 1주택에서 생활하는 우리가 착각하던 점이다. 이 관계를 좀 더 상세히 살펴보자. 19세기 산업혁명 이전에는 유럽이건 일본이건 주거 공간은 생활하기 위한 공간인 동시에 일을 하기 위한 공간이었다. 가업을 영위하는 장소와 가족이 생활하는 장소는 하나였다. 일본의 마치야町屋(상가 또는 상가가 많은 지역)가 그런 공간이다. 거리를 향한 외부에 가게가 있고 안쪽에는 가족이 생활하는 사적인 공간이 있다. 마치야에는 상품을 취급하는 가게뿐 아니라 세공하는 기술자, 목수, 화원 등 모두 가업이 있었다. 가업을 이어받은 집들이 늘어서 있고 주민들은 가업을 통해 연대감을 형성했다. 근대화 이전의 마을 주민들은 하나의 공동체로서 조주町中, ちょうじゅう(중세 말부터 근세에 이르기까지 도시 거주자들의 단체)라고 불리는 자

치 조직을 만들어 자주적으로 마을을 운영했다. 조주는 활동 영역이 있었는데, 지역사회라고 부르는 막연한 범위가 아니라 하나의 권역이었다. 권역이란 공동체의 공간적인 영역이다. 공동체적 영역이 필요했던 이유는 공동체를 구성하는 요소가 가게, 즉 장사를 하는 장소였기 때문이다. 가게들이 하나하나 모여 집합을 이뤄 공동체의 영역을 구성하고 있었다. 한 가게만이 번영을 누린다고 해서 그 행복은 지속되지 않는다. 근처 가게도 함께 번영을 누려야, 마을 전체에 활기가 돌아야 비로소 외부로부터 손님들이 기대를 안고 찾아온다. 따라서 가게의 주인은 단순히 자기 가게뿐 아니라 마을 전체를 항상 신경쓰고 배려해야 했다.

가업이 있는 마치야는 사적인 공간이고, 조주는 공적인 공간이다. 양쪽의 중간에 존재하면서 양쪽을 연결하는 공간이 가게다. 즉 가게가 시키이였다.

사적 공간과 공적 공간의 관계에 깊이 관여할 수 있었던 사람은 가업이 있는 조주 구성원들뿐이었다.

즉 가업이 있는 집 마치야는 그곳에 사는 이들의 사적 공간이고, 가장은 조주의 주민이므로 공적 공간에 참가할 수 있는 자격을 부여받은 것이다. 마치야의 주민이라는 말은 다른 한편으로 공적 공간의 주민이기도 하다는 의미였다. 이런 사적 공간과 공적 공간의 특별한, 그러나 근원적인 관계를 커먼common이라고 부른다. 프랑스어 코뮌commune에서 왔으며 라틴어로는 콤무니스communis, 지금 우리에게 일반적으로 익숙한 말로는 커뮤니티community다.

커뮤니티의 구성원이라는 말은 무엇이 사적인 공간이고 무엇이 공적인 공간인지를 잘 이해하고 있으며 그 관계를 유지하고 개량하고 발전시키기 위한 논의(정치)에 참가할 자격이 있다는 뜻이다. 다시 말해 조주라는 자치 조직의 정치에 참가할 자격이 있었던 것이다. 이처럼 무엇이 공적인 공간이고 무엇이 사적인 공간인가 하는 것은 상호 관계에 따라 달라진다. 자치란 그 상호 관계의 존재를 정하는 논의에 참가하는 것이며 주민들에게만 주어진 이런 독자적인 권리를 자치권이라고 부른다.

무엇이 사적이고 무엇이 공적인지를 각각 따로 정할 수 있다고 생각하는 사람이 있다. 또는 위에서 내려오는 명령으로 정해진다고 생각하는 사람이 있는데 이는 잘못된 생각이다. 위에서 내려온다는 것은 공적인 공간을 관리하는 행정으로부터 내려진 명령이라는 의미다. 하지만 이러한 문제는 공적인 공간에 사는 커뮤니티 주민들이 주체적으로 정하는 것이다. 그리고 가업이 있는 주민이어야 했다. 가업을 위한 가게를 소유해야 한다는 점이 커뮤니티 구성원이 되기 위한 필수 불가결 조건이었다. 이는 곧 커뮤니티의 경제활동에 참가해야만 한다는 의미다.

조주 같은 커뮤니티의 존재는 지금도 유효하다. 조주의 특징, 아니 본질은 지역 경제와 함께 존재했다는 것이다. 가업이 있는 가족들의 모임이 조주라는 자치 조직이다. 지역 경제와 함께했기 때문에 커뮤니티가 성립된 것이다. 하지만 우리는 이 사실을 오랜 기간 전혀 깨닫지 못했다. 적어도 건축가들은 깨닫지 못했다. 1가구 1주택들을 모아놓으면 그길로 자연스럽게 커뮤니티가 형성된다고 완전히 착각하고 있었다. 근대 도시계획은 주거전용지역을 조성해 경제권으로부터 분리하고 그곳에 1가구 1주택을 모아 커뮤니티를 만든다는 식으로, 완전히 모순된 행위를 해온 것이다. '모두가 사이좋게' 지내는 것이 커뮤니티라고 대단히 착각하고 있었다. 근대 주택 계획에 누락된 것은 경제다. 주택에서 생활하는 사람들이 경제활동에도 참가한다는 구조를 갖추지 않는 한 커뮤니티는 성립될 수 없다.

그런 것도 모르고 주택지를 무리하게 경제권으로부터 분리시켰기 때문에 근대 도시계획은 당연히 실패할 수밖에 없었다.

만약 조주 같은 커뮤니티가 지금도 존재할 수 있다면 우리는 경제권과 함께 주택을 설계한다는, 새로운 주택 설계 방법에 관해 생각해야 한다. 건축가들은 지금까지 주택은 사생활을 위한 장소이므로 경제권과는 아무런 관계가 없다고 믿고, 이 사고방식을 바탕으로 주택을 설계해 왔다. 경제권이 함께 존재하는 주택은 생각하지도 않았다. 그래서 지금 그런 주택의 모델은 존재하지 않는다. 책임은 건축가들에게 있다.

나는 그런 주택 모델과 그 상위에 존재하는 공동체를 함께 생각해 보고 싶다. 현대판 조주, 이를 지역사회권Local Community Area이라고 부르고 싶다.

지역사회는 상당히 모호한 말이다. "지역"에는 장소를 특정하는 듯한 뉘앙스가 있지만 "사회"는 장소와는 관계없는 추상적인 개념이다. 공간적인 영역과는 아무런 관계없이 사용되는 말이다. "권"이라고 하면 장소를 특정한다. 그래서 "지역사회권"이라는 말은 장소를 특정하는 커뮤니티 같은 의미로 사용된다. 일정한 장소와 함께 존재하는 커뮤니티라고 하면 답답하고 농밀한 인간관계의 봉건적인 마을을 연상하고 이를 비판적으로 보는 사회학자나 정치학자도 있다. 사실 사회학자나 정치학자 대부분은 자유로운 공간에서 타인과 자유롭게 교류하고 자유롭게 연대할 수 있는 "어소시에이션association"이라는 말을 좋아한다. 개인이 때마다 자유롭게 연대하려면 자유로운 행위를 구속하는 특정 공간은 없는 편이 낫다. 자유로운 행위에 어울리는 공간을 그때그때 조달하면 된다는 것이 그들의 기본적인 사고방식이기 때문이다.

하지만 자유로운 연대라는 사고방식이 그 무엇으로부터도 구속받지 않는 자유로운 개인을 전제로 삼는다면, 자유로운 개인들만으로 성립되는 인간관계라는 사고방식 자체가 하나의 허구다. 그 어느 것으로부터도 구속받지 않는 자유로운 개인은 지금까지 어디에도 존재한 적이 없으니까.

오사와 마사치는 "소규모이며 민주적인 공동체가 분립하

면서 다른 한편으로 그 모든 공동체가 외부와 연결되는, 외부의 다른 공동체(또는 공동체 멤버)와 연결되는 관계 루트를 몇 개씩 가지고 있는 공동체"[I]의 가능성에 관해 지적했는데, 건축가로서 그런 사고방식에는 충분히 찬성한다. 나도 "시민 참가형이면서 또한 광역적으로 퍼져나가는 민주주의는 충분히 가능"[II]하다고 생각한다. 하지만 여기 한 가지 덧붙이고 싶은 필수 조건이 있다. 필수 불가결 조건이다. "소규모이며 민주적인 공동체"(나는 국지적인local 공동체라고 부르고 싶지만), 그 로컬 공동체를 구성하는 사람들의 공간은 어떻게 구상되어야 하는가 하는 것이다. 어떤 활동 공간으로 구상되어야 할까. 구상한다는 말은 설계한다는 의미다. 즉 어떤 건축 공간을 만들 것인가 하는 것을 포함하여 그 공간 설계에 관한 문제가 매우 중요하다.

로컬 공동체는 어떤 건축 공간으로 설계할 수 있을까. 사람들이 생활하는 공간을 실제로 보고 체험할 수 없다면 그들의 관계를 하나의 공동체로 인식할 수는 없다. 아니, 그 전에 로컬 공동체 자체가 그곳에 지속할 수 없다. 주택을 소유하지 않은 가족을 가정해 보면 이해할 수 있는데, 그 집단을 한 가족

I   大澤真幸,『不可能性"7時代』,
     二八三 – 二八四頁, 岩波書店, 2008.
II   大澤真幸, 위의 책, 2008.

으로 인식하는 것도, 그들이 어떤 집단이며 지속성이 있는지를 알아차리는 것도 매우 어려워진다. 현실적으로 가족은 한 주택에 살아야 한 가족으로 인식된다. 그리고 일정 기간 그곳에 머무르면서 생활하는 것에 대해 주변 지역사회 사람들로부터 암묵적으로 승인받아야 한다.

로컬 공동체도 마찬가지다. 공간을 소유하지 않은 어소시에이션 같은 집단이라면 매번 사람들이 모이기 위한 장소를 찾아야 한다. 어소시에이션의 지속성을 추구한다면 역시 어떤 공간을 통해 등장하는지, 어떤 공간 안에 존재하는지 등 공간과 함께 존재하는 방식이 매우 중요하다. 단순하게 말하자면 어소시에이션을 어떤 구체적 공간으로써 설계할 수 있을까 고민해야 한다.

이런 식으로 한 집단의 관계가 한 건축 공간으로써 설계되고 실현되는 과정을 한나 아렌트는 "물화物化, materialization"라고 표현했다. 하나의 사고방식은 물화되지 않는 한, 타인에게 전달되지 않는다는 것을 아렌트는 누구보다 잘 알고 있는 사람이었다. 바로 그런 점이 일반적인 어소시에이션주의자와 본질적으로 다르다. 로컬 공동체는 그야말로 물화되어야 한다. 물화되지 않는 한, 공동체로 인식하는 것은 불가능하다.

나의 사고방식은, 어소시에이션은 공간이 필요하지 않다고 생각하는 일부 사회학자나 정치학자와는 전혀 다르다. 역시 어소시에이션이 아니라 공간적인 영역성을 띠는 커뮤니티가 필요한 것이다.

내부에 경제구조가 존재하는 주택

커뮤니티를 위해서, 그곳에 사는 사람들이 어떤 형태로든 경제활동에 참가할 수 있는 구조의 주택은 생각할 수 없을까. 여기에서 경제활동은 샐러리맨(임금노동자)으로서 수행하는 경제활동이 아니라 예전 가업처럼 특정 장소와 함께 존재하는 경제활동이다. 생활하는 장소와 경제가 하나 되어 움직이는 경제활동은 이웃과의 관계를 전제로 삼지 않는 한 성립할 수 없기에 샐러리맨의 경제활동은 해당하지 않는다.

그런 경제활동을 포함하는 주거 형식은 단순히 주택 내부에 사는 사람뿐 아니라 외부에 존재하는 타인과의 관계까지 고려해야 한다. 타인이란 기본적으로는 근처에서 함께 살아가는 주민들이다. 그 범위를 어디까지 넓힐 수 있는가 하는 문제는 지역 특성과 관계가 있고 또 건축 공간의 설계 방식과도 큰 관계가 있다. 넓게 보면 근처에 사는 사람뿐 아니라 방문하는 모든 사람이 타인이다. 가게를 찾아오는 모든 사람에 개방되어 있어야 고객이 찾아온다. 가게는 오사와 마사치가 말하는 "외부의 다른 공동체(또는 공동체 멤버)"와 연결되는 장소다.

즉 경제활동을 위한 장소는 단순히 돈벌이를 위할 뿐 아니라 고객을 기다리며 상대하는 장소이고 이웃 사람과 접촉하는 장소, 타인과의 커뮤니케이션을 위한 장소이기도 하다. 아니, 커뮤니케이션의 역할이 훨씬 더 중요하다.

일찍이 조주도 그런 식으로 경제와 하나를 이룬 주거 형식이었다. 유럽의 중세도시[3] 역시 조주와 같은 구조였다. 산업혁명 이전, 즉 회사에서 근무하는 임금노동자라는 새로운 생활양식 종사자가 다수파를 차지하기 이전의 주거 형식은 대부분 지역 경제와 하나를 이루는 것이었다. 농업, 어업, 생산 가공업, 상업도 지역 산업이었다. 주택 그 자체가 지역 경제에 어울리도록 만들어졌다.

상황이 바뀐 것은 회사에 근무하는 사람(임금노동자)의 주거 형식을 일반적으로 여기게 되면서부터다. 지역의 경제와는

3——산지미냐노
유럽 중세도시의 거리는 소매업
가게나 공방으로 가득했다.
산지미냐노는 지금도 당시 모습을
그대로 유지하며 관광객을
맞이하는 이탈리아의 명소다.

아무런 관계없이 아침이 되면 생활하는 장소를 벗어나 회사로 갔다가 저녁이 되면 귀가한다. 가업을 영위하는 것이 아닌, 생활하는 장소와 동떨어진 위치에 있는 회사로 출퇴근하는 샐러리맨 쪽이 훨씬 더 멋진 삶이라고 여기게 되면서 많은 사람이 그런 생활을 목표로 삼았기 때문이다.

과거에는 가업이 있는 집에 사는 사람이 훨씬 더 많았다는 사실조차 잊어버릴 정도였으니 현시점에서는 주택과 경제활동을 함께할 수 있는 주택을 어떤 식으로 건축해야 좋을지 전혀 가늠할 수 없다. 아마 지역 경제가 어떤 특징이 있는지, 그 상황에 따라 다양한 스타일로 등장할 수 있을 것이다.

나는 이 지점에 관해서 생각하고 싶다.

주택 내부에 틀어박혀 주변에 사는 사람과는 아무런 관계없이 내부의 행복(프라이버시)만을 추구할 것이 아니라, 우리는 이웃에 누가 살건 그들과 함께 산다. 함께 산다는 것은 주변에 사는 사람에 대해서도 책임을 지는 주거 형식을 의미한다. 나는 이런 주거 형식이 가능하다고 본다. 그것이야말로 주택을 만드는 방법(설계)의 문제다. 그렇게 생활할 수 있는 공간을 설계하면 될 뿐이다.

이미 실패가 분명한 1가구 1주택 시스템이 아니라 에너지 인프라, 교통 인프라, 쓰레기 처리, 상하수도, 방재, 교육, 사회 복지를 포함한 지역 인프라 같은 시스템에 주민들 스스로 관여할 수 있다면 그것이 커뮤니티라는 공간이다. 커뮤니티라는 공간과 함께 현재 관료 기구에 완전히 맡겨져 있는 인프라 시스템이나 복지 시스템에도 관여할 수 있는 커뮤니티 시스템을 어떻게 설계하는가 하는 문제일 뿐이다. 이 시스템을 설계하려면 커뮤니티 내부에 경제권이 포함돼 있어야 한다. 아무리 작은 경제권이라고 해도 말이다. 지역 주민 모두가 그곳에 살고 일을 하며 지역 경제에 참가한다면 커뮤니티는 단순히 '모두가 사이좋게'가 아니라 커뮤니티의 의사 결정에 직접 관여한다는, 본래 의미가 보전된 커뮤니티의 개념을 되찾을 수 있다.

사회 인프라는 관료 기구가 독점하고 있는데, 이는 관료 기구에 의한 인프라의 사물화私物化다. 그곳에 사는 사람들의 의지와는 전혀 관계없이 관료 기구가 마음대로 인프라 계획을 세운다는 뜻이다. 반면에 지역사회권이란 사고방식은 주택과 함께 사회 인프라를 설계하고자 한다. 이런 사고방식은 어떻게 디자인할 수 있을까? 이런 사상은 어떻게 물화할 수 있을까? 이러한 의문에 대한 해답은 우리 건축가의 책임이기도 하다. 나 역시 커뮤니티가 경제행위와 깊은 관계가 있다는 사실은 매우 늦은 시기에 깨달았기 때문이다. 몇 개의 집합주택을 만들고 있을 때는 전혀 깨닫지 못했다. 1가구 1주택이라는 시스템 안에서도 커뮤니티는 실현할 수 있다고 생각했기에 그 안에서 시행착오만 되풀이했다.

경제활동을 포함해야 커뮤니티가 가능하다는 발상은 지금도 일반적이지 않다. 커뮤니티라는 개념을 단순히 '모두가 사이좋게 사는 것'이라고 믿는 한, 이런 발상은 할 수 없다.

본인들의 사회 인프라를 가지고 경제활동과 함께 생활하는 커뮤니티를 지역사회권이라고 표현했는데, 주택의 집합을 하나의 커뮤니티로 만들기 위해 빼놓을 수 없는 것은 그 집합을 '지역사회권화'한다는 사고방식이다.

어떻게 하면 단순한 주택의 집합을 지역사회권화할 수 있을까? 이것이 우리 건축가의 과제다. 사생활과 보안만을 위해 만들어진 주택의 집합을 지역사회권화하려면 어떤 방법을 생각할 수 있을까? 지금 돌이켜 보면 그 첫 시도는 구마모

토현 호타쿠보 제1단지였다. 지금부터 약 30년 전, 1990년의
프로젝트다.

시행

야마모토 리켄

모든 것은 여기에서부터 시작되었다

구마모토현 호타쿠보 제1단지

스캔들

구마모토현 호타쿠보 제1단지熊本県保田窪第一団地 1기 공사가 완성된 것은 1990년이다. 전쟁이 끝나자마자 건축된 단층 공영주택이 노후화되어 재건축하는 계획이었다. 첫 입주민은 당연히 재건축 전에 그곳에 살던 주민들이었는데 그들이 입주한 순간 큰 소동이 벌어졌다. 이런 주택은 본 적이 없다는 것이다. 주민들의 원성을 듣고 TV 방송국, 신문, 주간지 기자들이 밀려들었다.[1] 주민들에게 반드시 직접 설명하고 싶다는 나의 강력한 요청이 받아들여져 주민 설명회를 개최했는데, 그것이 오히려 기자들을 자극한 측면도 있었다. 어쨌든 수습할수 없는 스캔들로 확대되어 버렸다.

전국 네트워크를 갖춘 TV 방송국으로부터 모형을 빌려달라는 의뢰가 들어와 설계한 내용을 정성스럽게 설명한 뒤 기꺼이 그 의뢰에 응했다. 왜 이런 설계를 했는지 사람들에게 설명할 수 있는 좋은 기회라고 생각했기 때문이다.

낮에 방영된 그 프로그램은 사회자와 해설가 몇 명이 등장하는 와이드 쇼 같은 것이었다. TV에서 흔히 볼 수 있는 연예인들이 모형을 둘러싸 모여 있었다. "이번 주의 난처한 사람"

1──《FOCUS》1990년 6월 22일 자 기사
구마모토현과 건축가가 힘을 합쳐 국제건축전시회
〈구마모토 아트폴리스〉를 개최했는데 건축가가
기존 건축 스타일과는 다른 기발한 건물을 디자인했다고
쓰여 있다. 호타쿠보 제1단지도 그중 하나인데
기존 주거 형식과는 전혀 다른 설계라서 생활하기
불편하다는 불만의 목소리가 들끓고 있다는 내용이다.

2──문제가 된 통로
비바람이 들이닥친다는 비난을 받았지만 구마모토 같은
기후 조건에서는 분동分棟(여러 집채로 나눈다는 뜻―옮긴이)
형식이 채광과 통풍에 매우 효과적이다.

이라는 이름이 붙여진 코너였다. 금고를 훔쳐서 수십 킬로미터나 도망쳤던 도둑이 잡혔다는, 그 한심한 "난처한 사람"이 방영된 바로 다음에 이런 한심한 설계를 한 "난처한 사람"으로서 내가 설계한 건물이 등장하며 비판을 받기 시작했다. 비판의 요점은 주택의 설계, 즉 배치였다. 해설가들은 이렇게 설계된 주택에서는 도저히 살 수 없을 것이라며 입을 모아 비판했다.

확실히 이 주택은 해설가들이 고개를 갸웃거릴 정도로 너무나 낯선 배치였다. 집이 나뉘어 있으니까 말이다. 즉 리빙룸과 침실이 두 개 건물로 나뉘어 있다. 그리고 그 두 개 건물을 다리가 연결하고 있기는 하지만, 이 다리는 옥내가 아닌 옥외다. 건물과 건물을 연결하고 있는 것이다.[2] 이런 희한한 공용 주택은 그때까지 전례가 없었다. 민간주택에서도 찾아볼 수 없었다. 아니, 일본뿐 아니라 전 세계를 찾아보아도 해설가들이 당황할 정도로 그때까지는 예를 찾아보기 어려운 설계였다. 분동 형식이 비판의 주요 대상이었다. 왜 이런 주택을 설계한 것인가, 지금까지의 집합주택으로 충분하지 않은가 하는 것이 요지였다.

단면도 S=1/400

27m–37m

4층, 5층 평면도
S=1/400

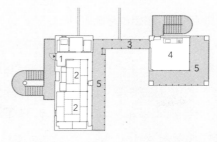

3층 평면도
S=1/400

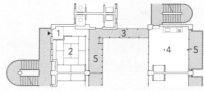

2층 평면도
S=1/400

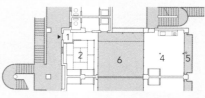

1층 평면도
S=1/400

1. 현관
2. 개인실
3. 다리
4. 리빙룸, 다이닝룸, 주방
5. 테라스
6. 중정

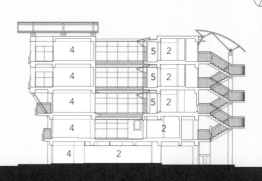

집합주택의 무엇이 문제인가

"지금까지의 집합주택"은 정말 그것으로 충분했을까. 지금까지의 집합주택이 커다란 모순을 끌어안고 있었다는 사실은 나뿐 아니라 이미 많은 건축가가 충분하건 아니건 깨닫고 있다. 서문에서 언급한 대로다. 많은 사람이 지금까지의 집합주택은 어딘지 문제가 있다고 느끼고 있다. 무엇이 어떻게 이상한 것일까.

집합주택이란 여러 개가 모여 하나의 건축을 이루고 있는 주택을 가리키는 말인데, 문제는 "집합"이다. 왜 단독주택보다 집합주택이 좋을까. 사실 그 이유는 정확하게 알 수 없다. 각 주택은 무엇 때문에 모여 있는 것일까. 물론 뿔뿔이 흩어지기보다 효율성은 좋다. 집 한 채당 소요되는 건설비도 단독주택과 비교하면 확실히 저렴하고 대지 면적도 절약할 수 있다. 당연하지만 이런 내용은 공급자의 사정이다. 공급하는 쪽에서는 최소한의 공간에 많은 인원을 수용해야 경제적으로 유리하다. 그곳에서 생활하는 주민들은 어떨까. 좁은 공간에 갇혀서 사는 것이 기분 좋은 생활인지, 낯선 사람과 이웃하여 살아가는 것이 환영할 만한 일인지, 모여서 사는 것이 주민들의 생

주요 건물은 서로 마주 보고 있다. ▶
중정을 사이에 두고 건너편 집의
생활하는 모습을 확인할 수 있다.

활 방식에 어떤 영향을 끼치는지 등등 가장 본질적인 의문을 이해하기 어렵다. 이해하기 어렵지만 계속 그런 주택들을 만들어오고 있다. 그 이유는 무엇일까. 왜 이런 일이 가능할까.

집합주택은 그곳에서 생활하는 사람들의 상황에 맞춰 만들어지는 것이 아니기 때문이다. 그보다는 공급자의 상황에 맞춰 만들어진다.

집합주택이라는 형식은 20세기가 되어 비로소 등장한 완전히 새로운 것이었다. 그전에는 없던 새로운 형식의 주택을 설계하게 된 근대 건축가들은 온갖 지혜를 짜냈다. 여기에서 말하는 근대는 1920년대, 집합주택이 본격적으로 공급되기 시작한 무렵인 제1차 세계대전이 끝난 직후다. 패전국인 독일이나 오스트리아뿐 아니라 전쟁으로 피폐해진 유럽 제국에서 주택 문제는 가장 우선적인 중요한 과제였다.[3] 살아갈 장소를 잃은 노동자가 도시에 넘쳐나는 상황을 해결해야 하는 국가적 과제였다. 가능한 한 많은 사람을 수용하되 그렇게 해도 불만이 나오지 않도록 하려면 어떻게 해야 좋을까. 그야말로 어려운 문제였다.

이 어려운 문제에 답하기 위해 지혜를 짜낸 건축가들이 생

3 ——— 전후 독일의 집합주택
독일의 국가정책으로 전개된 노동자주택.
제1차 세계대전 이후 독일에서 주택문제는
국가적 과제였다. 그래서 공적 자금의
원조를 받아 공익 주택 기업을 설립하여
철저하게 규격화, 표준화된 주택을
설계하는 방법으로 대량 공급했다.
사진은 1929년 한스 샤룬이 설계한
지멘스슈타트 주거 단지다.

각해 낸 주택의 설계 이론은 다음과 같았다.

"주택은 무엇보다 하나의 가족을 위해 존재해야 한다. 한 주택에는 한 가족이 산다. 그리고 그 가족은 건강한 가족이어야 한다. 건강한 가족이라는 의미는 건강한 자녀를 낳고 양육하는 가족이라는 의미다. 건강은 차세대로 이어져야 하며 가족은 이를 위해 존재한다."

건축가들은 가족을 그런 존재라고 생각했다.

건강한 자녀의 출생과 양육을 가족의 첫 번째 역할로 여겼다. 주택은 이 역할을 보완하기 위해 존재해야 했다. 그 결과 "1가구 1주택"이라는 주택 형식이 발명된 것이다. 그리고 이 1가구 1주택은 하나의 이데올로기로 정착했다. 이데올로기라는 말은 많은 사람이 암묵적으로 승인한 이론이라는 의미다. 건축가들은 이렇게 생각했다. 1가구 1주택이라는 사고방식이 승인되었다면 프라이버시를 지킬 수 있는 주택을 설계하는 것이야말로 건축가의 역할이다. 설계는 평면도를 중심으로 한 주택 배치 계획이다. 건축가들은 무엇보다 외부에 대한 내부의 독립성과 자주성이 중요하다고 보았다.

자기 가족의 문제는 내부에서 해결하는 것. 바로 1가구 1주택이라는 형식의 주택에 산다는 것의 대전제다. 가족의 프라이버시란 이를 통해 얻는 독립성과 자주성이다. 실제로 상하좌우로 둘러싸인 주택에서의 생활이 이웃에게 그대로 전달된다면 편하게 살 수 없다. 아무리 밀집된 상태라 해도 각 주택이 서로 간섭하지 않도록 독립성을 유지해야 한다. 그리고 이는 기술적 문제와 관계있다. 방음벽을 이용해서 이웃을 가족과 분리하고 철문을 설치해 내부와 외부를 차단한다. 가족의 프라이버시를 엄중하게 지킬 수 있는 건축 방식이 모색된 것이다. 동시에 각 주택의 통풍이나 환기, 일조량을 충분히 확보하고 위생에도 신경을 써야 하는데 이 또한 건축의 기술적 문제와 관련이 있다. 주택문제는 이른바 건축의 기술적 문제가된 것이다.

그리고 더욱 중요했던 것은 각 가족의 평등이다. 주민들이 불공평함을 느끼지 않도록 모든 주택을 같은 조건으로 만드는 일은 프라이버시와 함께 건축가가 가장 신경을 써야 할 측면이었다. 이웃의 주택이 더 쾌적하다는 생각이 들지 않도록 모든 주택은 가능한 한 똑같이 만드는 것이 철칙이었다. 모든 주택이 똑같아야 한다는 말은 그곳에서의 생활 방식 자체도 모

중정을 향한 전용 테라스 ▶

두 똑같다는 말이다. 건축가들은 '건강한' 가족의 '표준적'인 생활을 가정하고 그 생활에 맞는 '표준적'인 설계를 하기 시작했다. 그 결과, 주택은 표준적인 생활을 위한 표준적인 공간으로 만들어졌다. 평등과 표준은 동전의 양면 같은 관계다.

비슷한 주택을 대량으로 공급한다는 주택정책은 한편으로는 가족의 표준화 정책이었고 나아가 국민의 표준화 정책이었다. 같은 대지 위에 같은 주택을 대량으로 만들어 옆으로 늘어세우고 세로로 쌓아 올리는 집합주택의 구성이 가능해졌다는 것은 모든 가족을 옆으로 늘어세우고 높이 쌓아 올리듯 수용할 수 있다는 뜻이다. 가족은 서로 격리되어 단순히 쌓아 올려지는, 그런 정도의 존재로 전락했다.

실제로 유럽에서는 제1차 세계대전 이후에, 일본에서는 훨씬 뒤인 제2차 세계대전 이후에 그런 주택이 대량으로 공급되었다. 그리고 이 표준화된 주택이 대량공급되면서 결과적으로 표준화된 가족이 대량생산되었다.

가족의 프라이버시가 무엇보다 중요했다. 철저하게 프라이버시를 중시한 주택은 외부에 존재하는 지역사회와는 전혀 관계가 없는 주택이다. 이런 주택이 대량으로 공급되면서 사람들은 지역사회라는 사고방식 자체가 별로 중요하지 않다고 인식하게 되었다.

그때까지의 주택과 결정적으로 다른 점은 주변 지역사회로부터 독립하여 살 수 있다는 인식이었다. 프라이버시 보호를 위해 주변 지역사회와의 관계가 버려졌다. 그 지역에 존재하는 고유한 경제활동과의 관계 말이다.

집합 이론

이제 호타쿠보 제1단지를 살펴보자. 이 공영주택은 〈구마모토 아트폴리스〉 사업[4]의 일환이었다. 〈구마모토 아트폴리스〉 사업은 당시 구마모토현 지사였던 호소카와 모리히로의 강한 의지로 시작된 도시 활성화 계획으로, 도시를 아름답게 만들자는 운동이었다. 구마모토현에 우수한 건축물을 세우고 주변 환경을 더 아름답게 만들자는 계획이었다. 우수한 건축물 하나가 도시환경에 큰 영향을 미친다는 사실을 알게 된 호소카와 지사는 즉시 이 시책을 실행했는데, 기존의 도시와 건축의 관계를 근본적으로 재조명하는 획기적인 시도였다. 그리고 이 활동의 핵심에 있던 사람이 이소자키 아라타였다. 그는 위원

4——〈구마모토 아트폴리스〉 사업
1987년 독일 베를린에서 열린
〈국제건축전시회 IBA〉의 재개발 프로젝트를
시찰한 구마모토현 지사가 구마모토에서도
이를 추진하기 위해 건축가 이소자키 아라타를
집행위원장으로 지명했다. 이소자키는
도시의 핵심이 될 아름다운 건축물을 지어
구마모토라는 도시를 활성화하려 했다.
사진: 아트폴리스 프로젝트

장으로서 일본 국내외로부터 건축가들을 소집했다.

나도 초대를 받았다. 그때까지 공공 건축물을 만든 경험이 없는 나 같은 건축가를 적극적으로 초대하려 했다는 점도 아트폴리스 사업의 특징이었다.

초대를 받고 즉시 떠오른 생각은 어떤 집합 이론을 적용할 수 있을까 하는 것이었다. 단순히 프라이버시 보호를 전제로 삼아 주택을 가로로 늘어세우고 세로로 쌓아 올리면 집합주택은 완성된다. 하지만 오직 가족의 행복만을 추구하는 주택을 모아놓은 건축물은 도시환경에 아무런 공헌도 하지 못한다는 생각이 들었다.

한편 일조량을 4시간 확보해야 한다는 기준이 있다.[5] 법으로 정해진 시간으로, 모든 주택은 평등하게 일조량을 취해야 한다는 것이다. 해가 가장 짧은 동지에도 최소 4시간의 일조량은 지켜야 한다. 기준 일조량을 확보하면서 용적률을 최대한 늘리고 싶다. 즉 최대한 많은 인원을 수용하고 싶다. 그래서 생각한 것이 남쪽을 향해 주택을 같은 간격으로 늘어세우는 계획이었다. 남쪽을 향해 리빙룸을 배치하고 북쪽의 복도로 출입한다는 단순하고 명쾌한 계획이다. 각 주택이 평등하

5──── 4시간의 일조량
모든 주택이 평등하게 일조량을 확보할 수 있도록 하는 것이 공영주택의 대원칙이다. 주택은 남향으로 배치되었고 이웃한 건물과의 간격은 17-18미터 정도이며 층수는 5층이라는 형식을 답습했다.
사진: 다마시 나가야마 단지

게 일조량을 누리면서 각 가족의 프라이버시와 보안이 지켜지려면 이것이 가장 적합한 배치 계획이다. 1960-1970년대 일본의 공공주택은 배치 계획이 모두 똑같다. 이것이 유일한 집합 이론이었다. 사실 지금도 같은 이론이 존재한다. 대지의 형태나 당시 경제 상황에 좌우된다고는 해도 주택의 집합 이론은 기본적으로 지금도 동일하다. 일조량과 프라이버시, 그리고 평등이다. 주택의 이론은 어디까지나 내부에서 생활하는 가족만을 위한 주택, '내부의 행복'에 집착한 주택이었다.

내부의 행복만을 위한 주택이 아니라 그곳에서 생활하는 사람들이 서로 유대 관계를 형성할 수 있는 주택은 불가능할까? 인간관계가 성가시고 불편한 것이 아니라 오히려 서로 돕고 사는 것을 당연하게 느낄 수 있는 집합 이론은 없을까? 이것이 지금 내 사고방식의 발단이었다.

호타쿠보 제1단지는 110가구의 집합주택이다. 거의 1헥타르에 이르는 대지에 건물을 어떤 식으로 배치해야 할까. 우리는 (사방이 둘러싸인) 중정 형식의 배치 계획을 고안했다. 중정 형식의 배치[6]는 결코 진기한 배치 방식이 아니다. 일본과 유럽의 집합주택에서 흔히 볼 수 있는 계획으로, 대부분의 경우 중

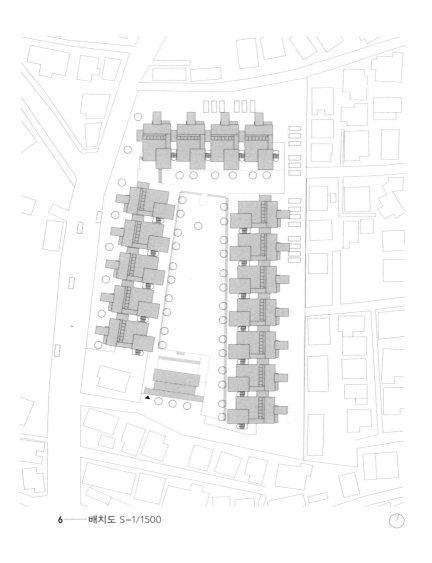

6 ──── 배치도 S=1/1500

정은 누구나 드나들 수 있는 장소다.[7] 일반적으로 중정을 거쳐 각 주택에 접근한다. 하지만 호타쿠보 제1단지의 중정은 그런 기존의 중정 형식의 배치와는 결정적으로 달랐다. 호타쿠보 제1단지의 중정은 이 주택에 사는 사람들이 점유하는 중정이다. 단 '주민이 점유하는 중정'으로 들어가기 위해 게이트를 세워 관리하는 방식이 아닌, 건축의 배치를 연구해서 자연스럽게 관리하는 방식을 실현했다.

이 중정으로 들어가려면 어느 쪽이건 주택을 거쳐야 한다. 즉 이곳에 사는 사람만 들어갈 수 있는 설계다.[8] 각 주택이 중정에 대한 "시키이"[9] 같은 역할을 담당하는 것이다.

110가구의 주택은 예닐곱 가구의 주택을 한 그룹으로 묶어 총 열여섯 개 그룹으로 나뉜다. 한 그룹마다 계단이 두 개 딸려 있다. 대지를 둘러싸고 있는 루프 모양의 통로에서 각 주택으로 접근할 수 있는 계단이다. 즉 각 주택의 주민은 대지 주변을 돌고 있는 루프 모양의 통로에서 자기 주택에 접근할 수 있고, 주택을 거쳐 중정으로 들어갈 수 있다. 바꾸어 말하면 자기 집을 가지고 있지 않은 사람은 중정에 접근할 수 없다. 당시 나는 이런 중정의 존재를 "커먼"이라고 부르고자 했다. 커먼

7 ——— 중정 형식의 배치
베를린에 있는 브리츠 지역의 집합주택이다.
브루노 타우트가 설계했으며, 말굽 형태의
중정을 둘러싸는 식으로 건물을 배치해서
모든 주택이 중정을 면하고 있다.
이런 식으로 누구나 드나들 수 있는 중정이
중심에 있는 집합주택은 유럽뿐 아니라
일본에서도 많이 볼 수 있다.

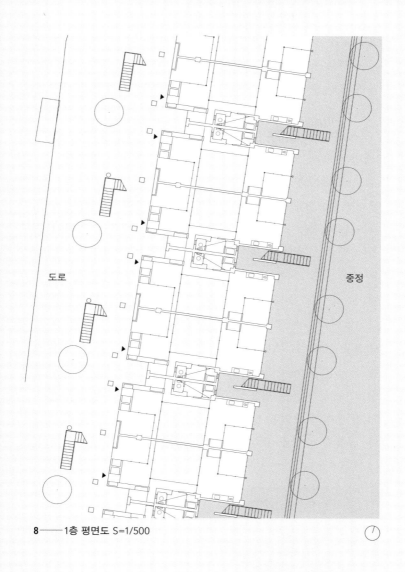

도로

중정

8——1층 평면도 S=1/500

common은 영어다. 이탈리아어로는 코무네comune, 프랑스어로는 코뮌commune이다. 어원은 라틴어 콤무니스communis다. 공동의 공간을 공유하는 공동체라는 의미다. 그 공간을 특권적으로 사용하는 사람들의 특별한 관계가 커뮤니티community다.

시키이로 둘러싼 이 공간 구성은 중정을 공동의 공간, 즉 "커먼 스페이스common space"로 만들기 위한 연구였다.

자기 주택을 경유하지 않고는 중정에 접근할 수 없다는 말은 바꾸어 말하면 주민의 자유의지로 누가 이 중정에 들어갈 수 있는지 결정할 수 있다는 것이다. 주택 주민들이 각각 중정을 어떻게 사용할지 결정할 수 있다. 때로는 중정에서 아이들은 축구를 할 수 있다. 아이들은 누군가의 집을 거쳐 중정으로 들어온다. 또는 어머니들이 어린아이들을 데리고 중정에 모인다. 이 단지 주민뿐 아니라 외부에서도 찾아올 수 있다. 즉 이 중정은 주민이 다양하게 사용할 수 있지만 외부에서 방문하는 사람은 누구든 간에 이곳 주민의 집을 통과해야만 들어올 수 있다. 중정은 주민들이 공유한다. 더구나 공유하는 중정은 외부 행정의 관리를 받는 것이 아니라 주민들 스스로 관리한다. 공유하는 장소를 주민들 본인의 의지로 관리하는 것이다.

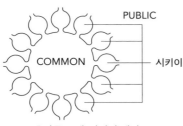

9——호타쿠보 제1단지의 개념도

이런 장소가 커먼이라고 부르는 공간이다. 주민이 아닌, 예를 들어 행정이나 시행사가 위탁한 회사가 관리하는 공간은 커먼이라고 부르지 않는다. 적어도 공간의 관계를 살펴보면 이 중정은 충분히 커먼이라고 불릴 자격이 있다. 이것이 나의 사고방식이었다. 그리고 이 커먼을 사용하는 사람들의 관계가 커뮤니티라고 불리는 관계다. 이것은 건축 공간의 관점에서 바라보는 집합 이론이었다.

본질적인 모순

중정을 면한 장소는 LDK(리빙룸, 다이닝룸, 키친)다. LDK에서 중정을 향한 면은 유리로 이루어져 있다. 가장 가까운 건물 간 거리는 약 24미터다. 중정을 사이에 두고 건너편에 사는 사람의 모습을 확인할 수 있을 정도의 거리다.[10][11] 낮에는 집 안의 모습이 보이지 않는다. 밤에는 커튼을 치니까 서로의 거리는 문제되지 않을 것이라고 보았다. 그리고 침실은 LDK에서 다리로 연결된, 떨어진 장소에 있다. 중정에서는 절대로 보이지 않는다. 침실의 프라이버시는 당연히 지켜야 한다고 생각했기 때문이다. 오히려 유리로 마감된 LDK가 중정을 둘러싸

10——중정 축제

11——중정을 면한 거실

고 있는 관계가 중요했다. 그 관계가 이 중정의 공동성을 만든다고 생각한 것이다. 즉 공동의 공간(커먼)을 둘러싸는 특별한 관계다.

한편 침실은 단순히 침실로만 사용하는 것이 아니라 때로는 작업실로도 사용할 수 있도록 하고 싶었다. 그래서 최대한 유연하게 활용할 수 있도록 모두 다다미방으로 꾸몄다. 다다미방이라면 장롱에 이불을 넣어두면 낮에는 상당히 자유롭게 사용할 수 있다. 실제로 책상과 의자를 다다미 위에 놓고 작업실로 이용하는 사람도 있다. 또 현관과 가까워 작업실로 사용하기 편하다.

그런데 호타쿠보 제1단지는 구마모토현에서 관리하는 공영주택으로, 거주전용주택의 집합이다. 거주전용주택의 집합이라는 형식은 전후에 처음으로 등장한 주거 형식으로, 유럽으로부터 직수입되었다. 이미 설명했듯 이 형식은 내부에 커다란 모순을 끌어안고 있다. 프라이버시만을 존재 이유로 삼는 전용주택은 커뮤니티를 만들지 않는다. 집합하는 것 자체가 본질적인 모순이다.

그렇기에 공간적 구성으로는 커먼이라는 공간을 만들 수

12───── 예를 들어 중정을 면한 1층을
카페로 만들면 주민 이외의 외부인도
광장으로 드나들 수 있다. 왼쪽 사진은
1층을 카페로 이용하고 있는 모습이다.

있었지만, 그 공간이 정말로 주민들의 커뮤니티를 만드는 곳이 되었는가 하는 문제는 그리 단순하지 않다. 공간의 구성은 커뮤니티의 필요조건이기는 해도 충분조건은 아니기 때문이다. 즉 이 주택에서 생활하는 사람이 중정을 자기 재량으로 마음껏 사용할 수 있다는 보증이 있어야 한다는 것이 조건이다. 하지만 호타쿠보 제1단지뿐 아니라 모든 주택 내부는 사적인 공간이며 한 걸음 밖으로 나가면 공적인 공간에 놓이게 된다. 공적 공간이란 관에서 관리하는 공간이라는 뜻이며 관은 관료 기구의 일부다. 주민은 관료 기구가 일방적으로 정한 관리 규칙을 따라야 한다. 다른 한편으로 주민의 입장에서는 주택 내부의 행복을 지키는 것이 가장 큰 관심사다. 주민자치라고는 하지만 도대체 무엇 때문에 주민자치가 필요한지 주민들은 이해하기 어렵다. 그래서 단순히 관의 관리에 협력하는 주민 자체가 되어버린다.

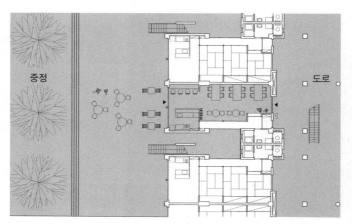

13———1층에서 카페를 운영한다. 카페가 도로와 중정의 시키이가 된다.

어떻게 해야 이 중정을 자기들 것이라고 믿게 할 수 있을까. 당시에 거기까지는 생각이 미치지 않았다. 경제권을 형성한다는 사고방식은 전혀 떠올릴 수 없었다. 그래도 여기에 카페가 생긴다면[12][13], 또는 노인을 위한 시설이나 탁아소가 생긴다면 어떨까 하는 생각은 했다. 그러면 이 단지에 사는 주민뿐 아니라 주변에서 사는 사람도 이 중정에 들어올 수 있다. 아마 그럴 경우 이 중정을 어떻게 사용할 것인가 하는 문제가 본질적인 과제로 떠오를 수 있다. 하지만 공영주택은 건설성(현 국토교통성)의 보조금을 받는 사업이다. 따라서 주택 외 용도를 제안하기는 매우 어려운 상황이었다. 다른 관청의 관할권을 침해하는 행위이기 때문이다. 1가구 1주택에 사는 사람들의 내부로만 향하는 사고방식을 근본적으로 바꾸기는 무리였다. 호타쿠보 제1단지도 기존 단지와 같은 모순을 내부에 끌어안고 있다. 이 모순을 깨닫지 못한 상태에서 어떻게 집합주택에 커뮤니티라는 관계를 더할 수 있을까. 이것이 주택을 만들 때마다 가장 큰 과제다.

구마모토 공영주택 호타쿠보 제1단지
건축명: 구마모토 공영주택 호타쿠보 제1단지
위치: 구마모토현 구마모토시 | 용도: 집합주택 | 대지 면적: 11,184m²
건축 면적: 3,562m² | 연면적: 8,753m² | 최고 높이: 13,750mm
설계 기간: 1988. 7.–1989. 2. | 시공 기간: 1989. 6.–1991. 8.
규모: 5층 | 주 구조: 철근콘크리트조 | 설계 협력: –
구조 설계: 이마이건축구조사무소 | 설비 설계: 단설비설계사무소
시공: 1기_와쿠다건설, 다카하시건설 2기_미쓰노건설, 야스다건설

공영주택은 누구를 위한 것인가

요코하마 시영주택 미쓰쿄하이쓰

작은 구획이 좋다

호타쿠보 제1단지를 이은 공영주택이 요코하마 시영주택 미쓰쿄하이쓰橫浜市営住宅·三ツ境ハイツ다.

전후 복구를 위해 1950년대에 지어진 목조 단층 시영주택1을 철거하고 새로운 집합주택을 만드는 계획이었다. 개발 신청을 하지 않는다는, 즉 현재 있는 도로를 그대로 남긴다는 것이 조건이었다. 개발 신청이란 도로를 포함한 대지 전체를 재조명하여 하나의 커다란 계획 부지로 신청한다는 의미다. 개발 신청을 해야 더 넓은 바닥 면적을 얻을 수 있다는 사실을 알고 있었지만 요코하마시 건축국은 현명하게도 더 넓은 바닥 면적을 확보하기보다 주변에 있는 저층 주택들에 비해 지나치게 튀어 보일 수 있는 계획을 피하려 한 것이다. 그런 배려에 대해서는 건축가로서 완전히 찬성했다. 나 자신도 가능한 한 주변 주민에게 피해가 가지 않는 계획을 세워야 한다고 생각했으니까.

기존 도로를 남겨두면 지금까지의 목조 단독주택 또는 두 가구가 한 건물을 이루는 소규모 주택들의 배치 계획에 어울리는 작은 구획 단위를 그대로 유지할 수 있다. 즉 집합주택의

1──재건축 전의 시영주택

배치도 S=1/2500

계획 구획으로는 상당히 작지만 이 크기가 바람직하다고 생각했다. 당시 이 주택에는 노인이 많이 살고 있었으며 새로 모집하는 주민도 노인이 많을 것으로 예상할 수 있었다. 혼자 사는 사람도 많을 것이었다. 구획을 작게 만들어 서로 얼굴을 익히는 관계를 만들 수만 있다면 단지 프라이버시를 지킬 뿐인 생활보다 이 장소에 더 잘 어울릴 것 같았다. 지금까지도 그런 방식으로 살았을 테니까 말이다. 목조주택의 여유 있는 경관을 그대로 가져가면서 기존의 약 다섯 배가 되는 연면적을 확보하려면 어떻게 해야 좋을까. 구획에 따라 약간의 차이는 있겠지만 3.6미터라는 모듈의 유닛(3.6×3.6미터)을 준비하고 이 정사각형 유닛을 조합해[2] 주택을 만들 수는 없을까. 사방 3.6미터라고 하면 약 4평 정도에 해당하는 방이다. 결코 큰 방은 아니다. 주방, 침실, 리빙룸, 그리고 테라스도 모두 이 작은 면적 단위의 조합으로 만든다. 주변의 단독주택과 비교했을 때 적당한 크기라고 생각했다. 그리고 이 주택들을 모아 사전에 크기가 정해진 구역 안에 배치했다.

여덟에서 열 세대의 주택 유닛을 모아 한 그룹으로 묶고, 중정을 둘러싸도록 배치했다.[3]

2 — 1DK는 유닛 세 개, 2DK는 네 개, 3DK는 다섯 개라는 단순한 조합이다. 주방 유닛을 중심에 두어 각 방의 성격을 특정하지 않는 평면 구성에 신경을 썼다.

1. 다이닝룸
2. 리빙룸
3. 침실
4. 테라스
5. 중정
6. 커먼 스페이스
7. 다리
8. 주차장

2층 평면도
S=1/500

1층 평면도
S=1/500

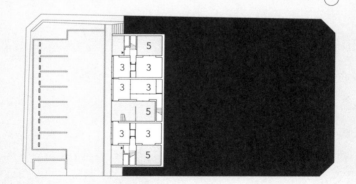

지하 1층
평면도
S=1/500

단면도 S=1/500

3──── 각 주택은 공유하는 중정을 면하고 있고 바로 접근할 수 있도록 배치되었다.

호타쿠보 제1단지의 중정이 110가구의 주택으로 둘러싸여 있었으니까 그것과 비교하면 10분의 1 이하다. 110가구와 열 가구. 한 커뮤니티를 만드는 데 주택 수는 어느 정도가 적당할까? 인원은 어느 정도가 적당할까? 일반적인 정답은 없다. 각 건축물을 만드는 방법, 조성하는 주변 환경, 단순히 전용주택인가 아니면 이외의 용도로 사용할 수 있는가 하는 식의 다양한 외적 조건에 따라 커뮤니티의 존재는 매번 달라지기 때문이다.

주택이라는 건축 공간의 문제

커뮤니티는 일정한 장소를 공유하는 공동체다. 동시에 일정한 장소를 공유한다는 사실을 강하게 의식하기 때문에 그 장소가 어떤 장소인지, 건축 공간으로서 어떻게 설계되었는지 하는 문제와 직접적으로 관련이 있다. 즉 각 주택 또는 집합 방식이 커뮤니티의 존재에 큰 영향을 미친다. 하지만 주택이나 집합이라는 건축 공간의 문제는 커뮤니티와는 관계가 없다고 생각하는 사람도 많다.

사람들 대부분은 커뮤니티가 성립하는가 성립하지 않는

가 하는 문제는 그곳에서 생활하는 주민들의 사고방식에 달렸다고 생각한다. 주민들의 자유의지에 달린 문제이며 그들이 커뮤니티 따위는 필요 없다고 생각한다면 필요 없는 것이다. 그러니까 주택이라는 건축 공간은 커뮤니티와는 전혀 관계가 없다고 생각하는 것이다.

한편 주택을 관리하는 행정에서 커뮤니티 문제는, 주민들의 자유의지를 어디까지 허락할 것인가 하는 주민 관리에 관한 기술적인 문제다. 즉 행정의 관점에서 볼 때 자유의지를 존중할 것인가 하는 문제는 주택의 관리 시스템과 깊은 관계가 있다.

그리고 이 관리 시스템은 주택을 설계할 때 설계도에 이미 반영되어 있다. 주택 설계도는 주민들을 어떻게 관리할 것인가 하는 관리 기술을 다룬 것이다. 그래서 행정은 공영주택의 설계를 민간 건축가에게 절대로 맡기지 않는다. 주택의 설계는 특권적으로 행정의 관할이라고 여긴다. 일본에 공영주택 설계 공모전이 매우 적은 이유는 그 때문이다.

거주전용주택의 집합을 통해 커뮤니티를 만들기란 확실히 어렵다. 호타쿠보 제1단지의 중정도 110가구가 공유하지

공유하는 중정과 그 중정에 면한 각 주택의 전용 테라스.
중정 방향에 창문과 테라스를 설치하여 중정이 중심을 이루고 있다.

만 실제로 그 중정을 효과적으로 이용하는 대상은 자녀를 양육하고 있는 가족이나 아이들이다. 아이들에겐 자동차가 다니지 않는, 자유롭게 뛰어다닐 수 있는 절호의 공간이다. 하지만 자녀를 양육하지 않는 가족 또는 혼자 생활하는 노인은 그 중정에 내려갈 마땅한 계기가 없다. 사방이 둘러싸인 중정이 있다는 공간의 특색만으로는 커뮤니티라는 관계를 자극하기 어려운 것이다. 중정을 이곳에서 생활하는 주민들 전체가 공유하고 있다는 감각이 싹트게 하려면 우선 주민들이 자유롭게 사용할 수 있는 장소가 되어야 한다. 그런 자유가 없이 단순히 행정에게 관리되는 공간일 뿐이라면 건축적으로 중정을 둘러싼다고 해도 주민들은 오히려 각자의 프라이버시를 침해하는 공간이라고 생각할 수밖에 없다.

　미쓰쿄하이쓰의 중정도 마찬가지다. 나는 처음부터 이 열 가구 주택으로 둘러싼 중정을 주민들이 자유롭게 사용할 수 있는 텃밭 같은 장소로 만들고 싶다고 제안했다. 텃밭은 사회학자인 우에노 지즈코 씨의 아이디어다. 사회학적 식견을 바탕으로 호타쿠보 제1단지를 조사한 우에노 지즈코 씨가 이 중정을 텃밭으로 만들면 좋겠다고 혼잣말을 했는데, 그 말을 들고 멋진 아이디어라고 생각했다. 그래서 미쓰쿄하이쓰에서 그 아이디어를 실현할 수는 없을지 제안한 것이다. 하지만 요코하마시에서는 이 중정은 행정적으로 관리해야 하기 때문에 주민들이 자유롭게 사용하도록 할 수는 없다고 말했다. 행정의 입장에서 보면 중정은 공적 공간이기에 사적으로 이용할 수 없다는 것이 이유였다. 한편 공공시설이라서 중정의 흙도 시설로 마무리해야 했다. 흙바닥인 상태로 내버려두면 완성된 상태라고 인정할 수 없다고 했다. 결국 잔디를 깔 수밖에 없었다. 이래서는 텃밭으로 이용할 수 없다. 그 후에도 요코하마시와 많은 대화를 나눴지만 텃밭처럼 음식으로 먹을 수 있는 채소는 재배할 수 없다, 화분 정도는 가능하다, 주민들끼리 서로 불공평함을 느끼지 않도록, 이웃 주민들 사이에 불공평함이 발생하지 않도록, 또 시영주택에 사는 주민만 특권을 누린다는 오해를 받지 않도록 해달라는 한편, 중정 관리자는 누구로 할 것인가 등등 텃밭을 만들 수 없는 이유를 산더미처럼 늘어놓으면서 "곤란한데요."라고 고개만 저을 뿐이었다. 요코하마시라는 행정의 관점에서 공공의 공간은 어떤 경우이건 주민들의 것이 아니라 '행정이라는 공공'의 소유물이며 행정기관이라는 주민 관리(공간 관리) 기관이 곧 '공공'인 것이다. 그들에게 공공의 공간은 구석구석까지 관리의 대상이다.

무엇이 '공적 공간'이고 무엇이 '사적 공간'인가. 이는 본래 그곳에서 생활하는 주민들이 결정해야 한다. 그들이 아닌 행정기관이 정한다는 것은 너무나 일방적이다.

그래도 무언가 해보고 싶었다. 이 작은 중정을 행정의 관리 공간이 아닌 주민을 위한 공공 공간으로 활용할 수는 없을까? 서비스 차량 주차장이 그런 사고방식에서 나온 대안 중 하나였다. 요코하마시가 보유하고 있는, 예를 들면 이동식 목욕차를 이곳 주차장에 정차시키고 목욕 서비스를 제공한다거나 가까운 슈퍼마켓의 이동판매 차량을 유치한다거나 하는 것이다. 그리고 그런 차량의 서비스를 위해 급수와 전력을 제공한다.

하지만 이런 설비를 준비해도 활용할 수가 없다. 주민들이 그것을 자기 것이라고 믿을 수 있는 구조가 갖춰져 있지 않기 때문이다. 결국 요코하마시로부터 승인을 받지 않으면 아무것도 할 수 없는 상황이다.

공영주택은 대체 누구를 위한 것인가.

요코하마 시영주택 미쓰쿄하이쓰

건축명: 요코하마 시영주택 미쓰쿄하이쓰

위치: 가나가와현 요코하마시 | 용도: 집합주택 | 대지 면적: 12,625m²

건축 면적: 4,704m² | 연면적: 7,600m² | 최고 높이: 8,720mm

설계 기간: 1996. 11.－1998. 11. | 시공 기간: 1999. 4.－2000. 3.

규모: 3층, 지하 2층 | 주 구조: 철근콘크리트조(벽식구조) | 설계 협력: －

구조 설계: 구조계획플러스원 | 설비 설계: 단설비설계사무소

시공: 사가미철도주식회사·다이이치건설 공동기업체,
나카와다·다카오건설공동기업체, 세키건설·쓰카사건설 공동기업체,
스미요시건설·쇼와건설 공동기업체

Small Office Home Office

베이징 젠가이SOHO

베이징대학에서의 강연

젠가이建外는 장소 이름으로, 젠궈먼建國門의 외부라는 의미다. 이 일대에 많은 대사관이 자리를 잡고 있다는 점에서도 알 수 있듯 베이징에서도 정비가 꽤 잘된 지역이다. SOHO는 Small Office Home Office의 머리글자를 딴 조어로, 주택과 사무실, 즉 생활하는 장소와 일을 하는 장소가 하나가 된 주거 형식을 가리켜 이렇게 부른다.

베이징 젠가이SOHO北京建外SOHO 계획에 관여하게 된 것은 우연이었다. 당시 도쿄대학 조교수였던 무라마쓰 신 씨에게 강연을 의뢰받아 베이징대학을 방문한 것이 발단이었다. 무라마쓰 신 씨는 중국 건축 연구가로, 당시 베이징대학에서 새롭게 건축학 커리큘럼을 창설한다고 하여 돕고 있었다. 그 일환으로 일본 건축가의 강연회를 기획하고 싶은데, 첫 번째 강연자로 베이징에 와줄 수 없겠느냐는 의뢰였다.

그래서 베이징대학에서 강연을 했다. 당시에 마침 설계 중이었던 시노노메 캐널 코트의 프로젝트를 설명했는데, 부동산 회사 레드스톤紅石의 경영자인 장신이 강연을 들으러 왔다가 지금 베이징 중심 지역에서 큰 규모의 개발을 진행하려 하고 있는데 그 설계 공모전에 참가하지 않겠느냐고 제안을 해 왔다. 장신은 영국 케임브리지대학을 졸업한 이후 미국의 투자 회사에 취직해서 근무하다가 중국으로 돌아와 남편 판스이와 함께 레드스톤이라는 부동산 회사를 설립한 사람이다. 젠가이 SOHO는 그들이 처음으로 경험하는 거대한 프로젝트였다. 지금까지 존재하지 않았던 새로운 형식의 집합주택을 만들고 싶다는 생각에 만반의 준비를 갖추고 덤벼든 것이었다. 시노노메 캐널 코트 계획은 2,000가구의 집합주택을 고토구의 도쿄만 인근에 조성한다는 대규모 계획으로, 나는 건축가들을 이끄는 마스터 아키텍트Master Architect 역할이었다. 단순한 거주 전용주택이 아니라 일도 할 수 있는 주택을 만들고 싶었다. 즉 직장과 주거가 하나가 될 수 있는 주택이다. 그 이야기를 하자 장신은 "일도 할 수 있는 주택"이라는 사고방식에 공감을 보이며 공모전에 참가해 달라는 제안을 한 것이다.

지상은 주민 이외의 사람도 자유롭게 이용할 수 있는
공공 광장으로 이루어졌다. 자동차는 들어갈 수 없다.
현재 베이징에서 가장 인기 있는 지역이다.

1. 사무실 또는 리빙룸
2. 주방
3. 침실
4. 공용 복도
5. 시키이

1——1층 평면도 S=1/400

외부로 개방하는 계획

베이징의 계획은 연면적 800,000㎡인 시노노메 캐널 코트보다 훨씬 큰 프로젝트로, 우리 사무실 외에 두 개 회사가 지명을 받았다. 하나는 홍콩의 설계 사무소, 또 하나는 일본의 유명 아틀리에 사무소(작품 위주의 설계를 하는 사무소—옮긴이)였다. 공모전 참가 지원비는 한 회사당 1,500만 엔이었다. 상당히 큰 액수다. 하지만 사실은 일본의 공모전 판이 이상한 것이다. 일본의 공공 건축 공모전에서는 공개 공모전일 경우 대가를 거의 지불하지 않는다. 2차 심의까지 살아남아야 비로소 30만 엔 정도를 지불하는, 거의 노예 취급을 한다. 그런 공모전에 익숙했기 때문에 해외 공모전이 이상하게 느껴질 뿐이다. 일본에서는 공모전에 거의 무상으로 참가하는 것을 당연시한다. 중국이나 한국을 포함하여 건축가의 우수한 아이디어에 큰 기대를 거는 동시에 그에 어울리는 대가를 지불하는 다른 외국 공모전과 비교하면 일본은 최악의 후진국이다.

어쨌든 공모전에 참가한 우리는 두 가지 제안을 했다. 하나는 이미 설명했듯 그곳에서 일도 할 수 있는 주택을 만들자는 것으로, SOHO에 관한 아이디어다.[1] 초고도성장기에 있는

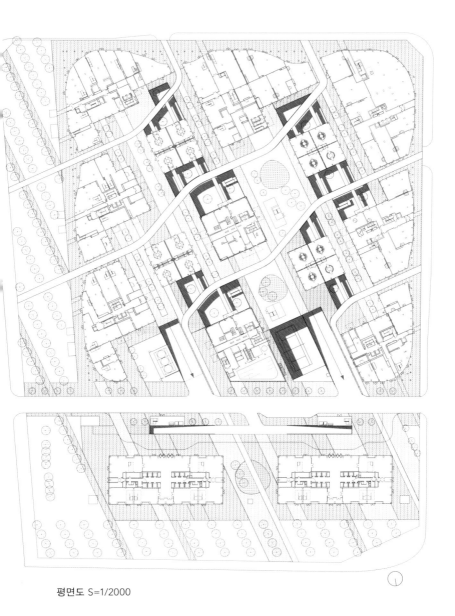

평면도 S=1/2000

중국에는 앞으로 창업을 하려는 사람이 많다. 그들의 상황을 고려하면, 생활하는 집을 사무실로도 이용한다는 제안은 앞으로 전개될 주택의 모델로 충분히 가능성 있다고 생각했다. 장신에게도 충분히 도전할 만한 가치가 있는 제안이었다.

또 하나는 젠가이SOHO를 외부로 개방하자는 것이었다. 중국의 주택과 관련된 계획은 대부분 민간 시행사가 담당한다. 민간이라고 해도 민간과 공공의 경계가 매우 모호하기 때문에 어디까지가 민간인지 정확하게 알 수는 없지만, 그 시행사가 개발하는 주택 계획은 대부분 주변 환경에 대해 폐쇄적인 게이티드 커뮤니티gated community(외부인의 출입을 엄격히 제한하고 보안 단계를 높인 주거지역—옮긴이)다. 사방이 둘러싸인 대지에 건물을 짓고 사이사이에 조경을 조성하여 입주민의 전용 중정으로 만든다. 지방에서 돈벌이를 위해 올라온 사람들이 노숙자처럼 생활하기도 하는 도시에서는 철저한 보안 대책이 필수적으로 이루어져야 한다고 믿기 때문에, 이 계획에서도 부동산 회사는 처음에 외부 사람들이 대지 안으로 들어올 수 없도록 막는 계획을 당연하게 여겼다.

게이티드 커뮤니티에 대해서는 우리가 최종 설계자로 선

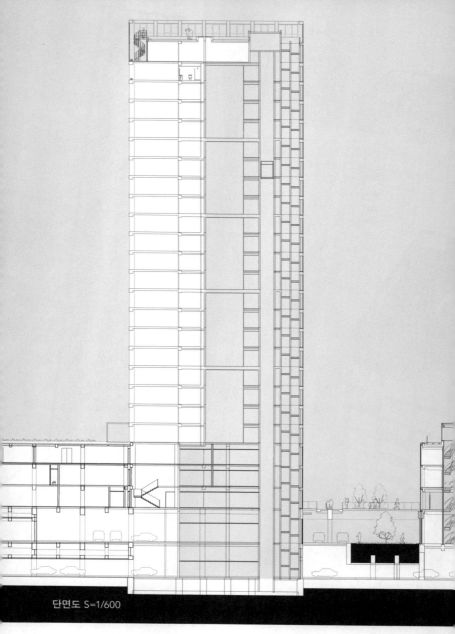

단면도 S=1/600

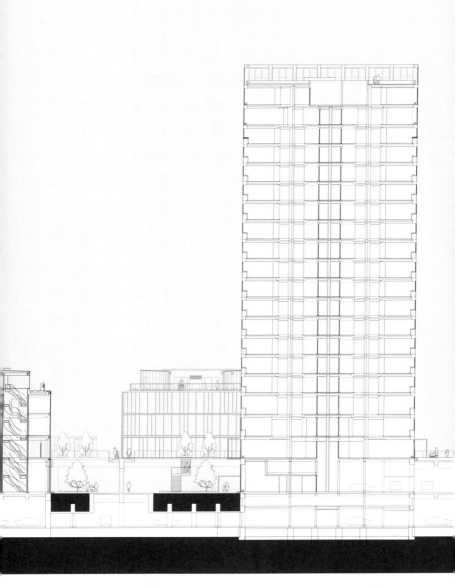

발된 이후에도 상당히 긴 시간 대화를 나누었다. 외부로 개방
한다는 아이디어를 공유하기에는 부동산 회사가 상당히 불안
해했기 때문이다. 그래도 우리는 이 거대한 대지가 담장으로
둘러싸인다면 주변의 주민뿐 아니라 베이징시에도 상당히 안
좋은 영향을 끼칠 것으로 생각했다. 이 대규모 계획은 단순히
부동산 회사의 이익뿐 아니라 베이징 시민의 생활에도 매우
중요한 의미가 될 것이라는 지점을 설명했다. 그 결과 대지 전
체에 누구나 드나들 수 있는 매우 개방된 계획이 완성되었다.
그편이 이 집합주택에서 생활하는 사람에게도 훨씬 유리하다
는 사실을 장신도 깨달은 것이다.

그리고 타워 모양의 형태를 제안했다. 멀리서 보면 타워
몇 개가 마치 숲처럼 늘어선 듯 보이게 한다는 계획이었다.
1990년대 당시의 중국 건축은 포스트모던이 전성기를 누린
시기로, 기묘한 색깔이나 형태로 지은 건축 위에 더욱 기묘한
지붕을 얹은 듯한 건축이 여기저기 세워지기 시작하던 때라
이대로 가면 베이징의 도시환경은 상당히 심각해질 것 같았
다. 그래서 이 타워 모양의 건축은 최대한 단순한 형태로 만들
고 싶었다. 하얀색 타워가 숲 나무들처럼 늘어선 풍경, 그 자

체가 이미 디자인이다.

지상층은 많은 베이징 시민이 이곳을 방문한다는 전제로 구상했다. 1층부터 3층, 그리고 지하 1층은 가게 또는 사무실이다. 지하 1층에도 자연광이 충분히 들어올 수 있도록 하기 위해 지하에 빛이 들어올 수 있는 정원을 배치했다.[2] 정원 주변은 가게다. 즉 지하 1층부터 지상 3층까지는 다양한 상업 시설이 차지하게 되었다. 넓은 지상 영역에 자동차는 들어오지 못한다. 자동차의 동선은 모두 지하 1층 아래에 모았다. 보도와 차도를 완전히 분리한 것이다.

대지 전체를 외부로 개방한다는 사고방식에 바탕을 둔 이 계획은 베이징에서는 첫 시도였지만 결과적으로 대성공이었다. 관광객을 포함하여 수많은 베이징 시민이 방문하는 명소가 된 것이다. 주택이기도 하며 사무실이기도 한 SOHO라는 주택 유닛은 현재 대부분이 주택보다는 사무실이나 쇼룸으로 사용되고 있다.

젠가이SOHO는 단순한 거주전용주택의 집합이 아니라 생활을 하면서 일을 하는 장소, 즉 경제활동을 하는 장소다. 이를 지원하는 쾌적한 설비도 다양하게 갖추어져 있는데, 지

2——누구나 드나들 수 있는 광장에 음식점, 가게, 쇼룸이 면해 있다.
지금은 많은 관광객이 모이는 장소가 되었다.

하 1층에서 지상 3층까지의 가게, 음식점, 카페, 바, 슈퍼마켓, 수영장, 테니스 코트, 그 밖의 다양한 스포츠 시설이 있다. 이곳에서 생활하는 주민들의 경제활동이 장소를 활성화한다. 이제 이곳은 베이징시 안에서도 손에 꼽히는 매력적인 장소가 되었다. 이 계획 이후 레드스톤은 회사 이름을 SOHO 차이나로 변경하고 SOHO 프로젝트를 몇 개 더 완성하여 현재 베이징을 대표하는 부동산 회사로 활동하고 있다.

베이징 젠가이SOHO
건축명: 베이징 젠가이SOHO | 위치: 중국 베이징시
용도: 집합주택, 가게, 사무실 | 대지 면적: 122,775m²
건축 면적: 34,823m² | 연면적: 703,069m² | 최고 높이: 99,900mm
설계 기간: 2000. 12.–2002. 10. | 시공 기간: 2002. 3.–2004. 4.
규모: 31층, 지하 2층, 일부 지하 3층 | 주 구조: 철근콘크리트조,
일부 철골조 | 협동 설계사: Coelacanth and Associates,
미칸구미 | 설계 협력: 베이징신기원건축공정설계유한공사+
베이징동방화태건축설계공정유한책임공사
구조 설계: 구조계획플러스원 | 설비 설계: 환경엔지니어링
시공: 중건일국건축발전공사, 전풍건축안합공사

시노노메 캐널 코트 1구역

내부의 프라이버시, 내부의 행복

시노노메 캐널 코트東雲キャナルコート는 주택도시정비공단1의 마지막 프로젝트다. 이 계획을 마지막으로 도시기반정비공단이라는 조직은 도시재생기구UR라는 독립 행정법인으로 바뀌었다. 공단 같은 국가조직이 낮은 가격의 주택을 공급하기 때문에 민간 기업들이 압박당하고 있다는 민간 시행사들의 강한 비판 때문이었다. 고이즈미 정권 때 "구조 개혁"이라는 이름의 이익 최우선 정책이 잇달아 등장하면서 우정국도 민영화되고 마침내 주택 공급이라는 국가의 가장 중요한 역할을 모두 민간이 주도하게 된 것이다. 즉 주택의 공급은 주택에서 생활하는 사람을 위해서가 아니라 공급자의 이익을 가장 우선하게 되었다.

1955년 일본주택공단이 설립된 본래 목적은 낮은 임대료로 질 좋은 주택을 공급한다는 것이었다. 단순히 주택이라는 '상자'를 공급하고자 하는 것이 아니었다. 많은 사람에게 어떻게 살아야 하는가 하는 '생활 방식'을 재인식시키기 위한, 이른바 교육 장치였다. 위생적이고 건강한 생활이란 무엇인가. 가족은 어떤 방식으로 함께 살아야 좋은가. 한 가족이 한 주택에

1──── 일본주택공사/주택도시정비공단/
도시기반정비공단
1955년에 주택문제로 고민하는 근로자를 위해
주택을 공급한다는 목적으로 일본주택공단이
조직되었고 1981년에 주택도시정비공단으로,
1999년에 도시기반정비공단으로 개편되었다.
일본 공공주택 공급의 중심을 담당했다.

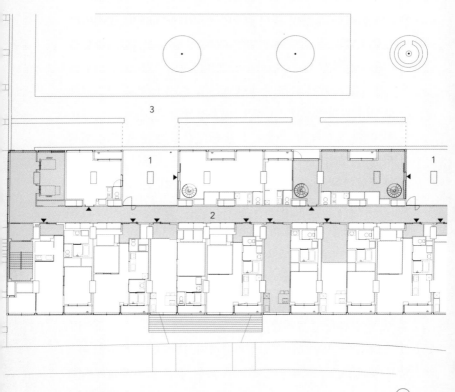

2층 평면도 S=1/400
중앙 복도를 면한 공간 일부는 SOHO로 사용할 수 있고
파티션을 이용해서 SOHO 공간의 넓이를 조정할 수 있다.
입구는 유리문으로 이루어져 있어 내부가 들여다보인다.

1. 현관 테라스
2. 공용 복도
3. 2층 데크

산다는 주거 형식이 철저하게 강조되었다. 가족이라는 프라이버시를 지키는 생활이 얼마나 안심이 되는 일인지, 프라이버시가 보호되는 공간 안에 있다는 것이 얼마나 큰 행복인지, 공단주택에 살면서 많은 사람이 알게 되었다. 주택은 가족의 프라이버시를 지키기 위해 존재한다는 것은 이제 현대 일본인에게 상식이 되어버렸다. 그 정도로 철저했다.

이러한 철저함은 그대로 민간 시행사들의 주택 공급 원칙이 되었다. 프라이버시 보호가 무엇보다 중요했다. 주택 내부의 쾌적함이야말로 주택이라는 상품의 가장 큰 상품 가치였다. 이는 시행사의 관점에서 매우 바람직한 현상이었다. 주변 환경에 신경을 쓸 필요가 없기 때문이다. 커뮤니티에도 신경을 쓸 필요가 없다. 주택을 공급하는 입장에서 그런 것에 얽매이는 행위는 이윤을 갉아먹는 마이너스 요인이다. 상품 가치는 어디까지나 주택 내부에 있다. 내부의 프라이버시와 내부의 행복이 가장 중요하다.

그리고 국가는 이를 크게 지원했다. 법적으로 가족을 주택 내부에 가두고 고층화하도록 유도하여 민간 시행사의 수익을 최대한 늘려주었다.

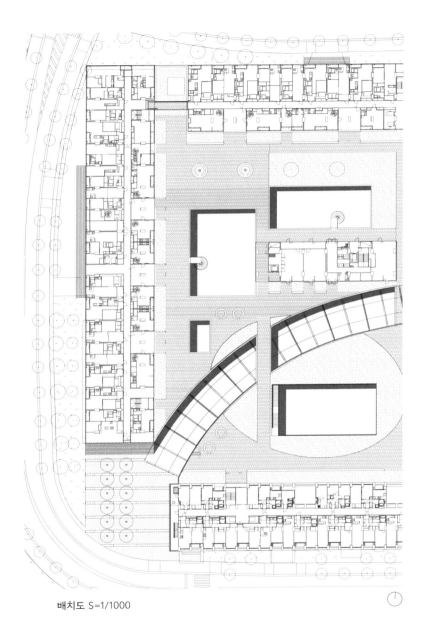

배치도 S=1/1000

투자 대상이 된 주택

1996년에 들어서자 국가는 공영주택의 집세를 "근처 민간개발주택과 비슷하게 책정한다."라며 공영주택법을 개정했다. 주변 민간 시행사의 수익을 압박하지 않도록 공영주택의 집세를 올린다는 것이다. 저소득층의 입장은 전혀 고려하지 않은 정책이었다.

1999년에는 공중권 매매가 가능해졌다. 공중권 매매란 용적률에 충분한 여유가 있는 토지 소유자는 이웃 토지 소유자에게 그 여유분을 판매할 수 있다는 어이없는 법률이다. 즉 이웃의 토지 소유자는 자신이 소유하고 있는 토지의 용적률 제한을 뛰어넘어 건설할 수 있다는 것이다. 그리고 2000년에 이 법률은 시행사에게 유리하도록 다시 개정되었다. 이번에는 이웃한 토지가 아니라 어느 정도 떨어져 있는 토지라 해도 공중권을 판매할 수 있도록 더욱 범위를 넓힌, 말도 안 되는 특례용적률적용구역제도가 제정된 것이다. 도시 경관이 어떻게 되건 관심이 없다는, 살기 좋은 도시 따위에는 관심이 없다는 그런 제도 개정이었다. 어쨌든 도시나 주택 개발의 목적은 경제적인 이윤뿐이었다.

같은 해에 자산유동화법이라는 법률이 제정되었다. 부동산의 증권화다. 이 법률 덕분에 투자자들로부터 투자금을 모을 수 있게 되었고 시행사는 수중에 자금이 없더라도 빌라를 건축할 수 있게 되었다. 빌라 건설에 투자하면 연리 5퍼센트 정도의 배당이 주어진다. 은행에 맡겨도 예금 금리가 거의 없는 정책을 유지하는 한편으로 이런 정책을 실행하면 투자자들은 당연히 이쪽으로 몰릴 수밖에 없다. 민간 투자자는 앞다투어 빌라 건설에 투자했다.

이런 악법이 없다. 주택이 투자 대상이 되면 주택 개발은 투자자의 입맛에 맞춰지기 때문이다. 입주민의 상황은 안중에도 없다. 역 앞에 초고층 빌라가 들어선 이유는 이 법률 때문이다. 역에 가깝고 초고층이라서 전망이 좋으며 보안이 완벽하고 프라이버시에 최대한 주의를 기울인 주택이 등장하자 그야말로 날개 돋친 듯 팔려 나갔다. 투자자의 관점에서는 충분히 투자할 가치가 있는 물건이다. 입주민의 상황은 안중에도 없다는 말은 그런 의미다. 투자자의 이목을 끄는 것을 주요 목적으로 삼아 빌라가 건설되고 있는 것이다. 그리고 이는 모두 자산유동화법 때문이다.

커먼 테라스

2003년에는 종합설계제도가 개정되었다. 도시지역의 주택용 대규모 건축물에 관하여 대지에 일정 넓이 이상의 공터를 설치하는 경우 용적률을 1.5배까지 인정받을 수 있게 했는데, 이 또한 터무니없는 법률이다. 주변 환경이나 그곳에서 생활하는 주민보다 시행사가 얼마나 이익을 올릴 수 있는가를 주안점 삼아 만들어진 법률이다. 바닥 면적이 크면 클수록 이익에 직접적으로 연결되기 때문이다.

아직도 남았다. 2007년에는 주택금융공고가 폐지되고 주택금융지원기구로 바뀌었다. 지원 기구가 민간은행의 보증인이 되어 주택을 매입하는 사람에게 보증금 없이 35년 고정 금리로 장기 융자를 내주는 제도를 만든 것이다. 35년 융자라면 매달 변제하는 금액이 임대주택의 월세보다 싸다. 그렇다면 누구나 주택을 매입하는 편이 빌리는 편보다 이득이라고 계산한다.

하지만 이것은 일종의 사기다. 35년 동안이나 수리를 하지 않으면 주택은 엉망이 되어버린다. 공조기 같은 설비 기구는 25년마다 교체해야 한다. 외벽도 보수해야 하고 자녀가 자라면 방도 바꿔줘야 한다. 또 화재나 지진에도 대비해야 하는 등, 모든 것을 본인이 책임져야 한다. 35년이라는 긴 세월이 지나면, 물건에 따라 다르기는 하지만 상당한 수리비가 들어갈 수밖에 없다. 빚을 권하는 쪽(국가)은 유지 관리에 어느 정도의 비용이 들어가는가 하는 문제 등에 관해서는 전혀 말하지 않는다. 일단 빚을 지더라도 주택을 매입하면 적어도 단기적으로는 국가의 경제성장에 공헌하게 되니까.

갖춰지지 않은 제도

우리가 시노노메 캐널 코트 계획에 관여하기 시작한 2000년은 이러한 성장 전략으로서의 주택정책이 한창이었다. 당시 바람직하지 않은 시대적 향방에 위기감을 느낀 공단의 젊은 직원들이 우리에게 제안을 해 왔다. 그들에게는 그때까지의 공단주택과는 전혀 다른 개발을 하고 싶다는 의욕이 있었다.

우리 사무실 이외에 이토 도요, 구마 겐고, 모토쿠라 마코토, 야마모토·호리 아키텍츠, 워크스테이션, ADH, 야마다설계사무소 등의 건축가들이 모여 총 여섯 개 설계팀이 구성되었고 내가 마스터 아키텍트로 지명되었다. 그때까지도 몇 번이나 주택정책을 비판해 왔어서, 그렇다면 당신이 한번 해보

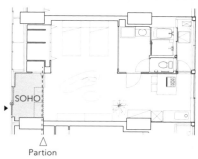

스크린의 위치가 현관 쪽인 경우(주택 용도)

스크린의 위치가 중간인 경우(홈 오피스)

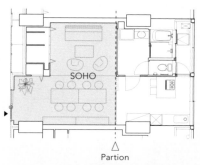

스크린의 위치가 안쪽인 경우(스몰 오피스)

이동 스크린을 이용한 주택의 다양성

1. 현관홀
2. 공용 복도
3. 데크
4. 커먼 테라스

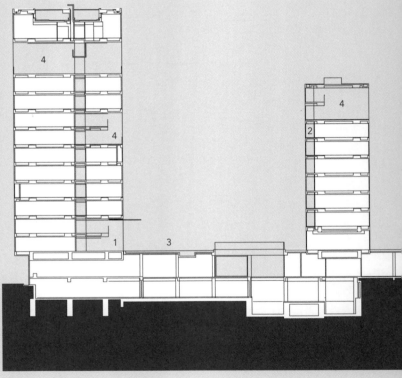

단면도 S=1/600

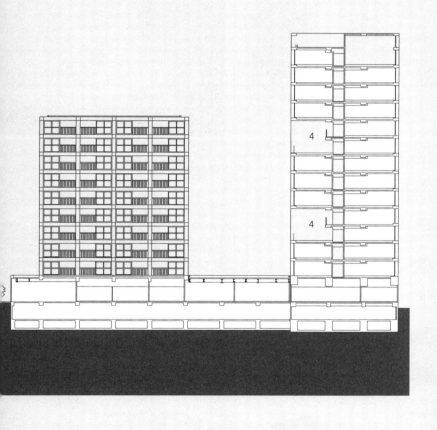

라는 의미에서 맡긴 듯하다.

시노노메 캐널 코트는 원래 미쓰비시제강소 공장이 있던 자리였다. 따라서 도쿄에 사는 사람에게도 주택지로는 그다지 익숙하지 않은 장소다.

이곳에 2,000가구의 주택을 짓는다는 계획이었다. 사실 지리적 이점은 좋다. 자동차로 도쿄역까지 20분, 긴자까지 10분이 걸리는 위치다. 가까운 미래에 공공 교통기관도 정비된다. 도쿄 해안 지역의 중심이 될 가능성도 있다. 이런 곳에 1가구 1주택이라는 기존 방식의 주택을 지을 수는 없었다. 일하는 장소와 생활하는 장소가 하나가 된 주택을 만들어야 했다.

그래서 생활과 일이 양립하는 주택 설계를 제안했다. 이런 주택 형식을 SOHO라고 불렀다. SOHO 형식의 주택 설계는 다음과 같다.

- 현관문은 투명한 유리로 마감한다.[2]
- 입구 공간이 최대한 자유롭도록 화장실, 욕실, 주방 등을 창 쪽으로 붙인다.

◀ **2** ─── 현관을 유리로 마감해 복도에서 내부 모습을 엿볼 수 있다. 아틀리에 같은 공간으로 사용할 수도 있고 오피스로 사용할 수도 있는 등 사용 방법은 다양하다.

현관문을 투명한 유리로 마감한다고 하면 당연히 맹렬한 반대에 부딪힌다. 주택은 프라이버시를 위한 장소라는 믿음이 있기 때문이다. 그곳에서 사는 주민뿐 아니라 공급자도 모두 반대한다. 그래서 대부분의 빌라는 현관문을 철제로 만든다. 철문을 닫아버리면 외부의 복도와는 거의 완벽하게 차단된다. 고급 빌라일수록 외부 소음이 들리지 않는다. 이 말은 안에서 무슨 일이 발생하는지 외부에서는 전혀 알 수 없다는 의미이기도 하다. 주택의 이런 밀실성密室性이 프라이버시의 본질적인 의미다. 하지만 고령화의 영향으로 독거노인 또는 두 사람만이 생활하는 세대가 증가하면서 프라이버시를 위한 주택이라는 그런 형식은 이제 위태로운 상황에 놓였다.

아파트나 빌라에서 발생하는 사건 사고와 관련된 뉴스를 들을 때마다 생각한다. 최근 들어서 특히 자주 발생한다고 느껴지는 그런 사건 사고는 주택의 설계에 근본적인 원인이 있기 때문이 아닐까. 노인의 고독사와 뒤늦은 발견, 주택 안에서 발생하는 강간, 살인, 아동 학대 등의 사건 사고는 주택이 너무 밀실화되어 있다는 데 원인이 있다.

하지만 이렇게나 많은 사건이 발생하고 있는데도 주택의

밀실성에 관해 특별히 비판하는 사람이 없다. 매우 신기한 현상이라고 생각하지만, 아마 1가구 1주택이라는 주택 형식이 현대 생활에서는 필연적이라고 믿고 있기 때문일 것이다. 그러니까 건축가가 1가구 1주택 같은 밀실 주택과는 다른 제안을 하는 순간 공상적(유토피아적)이라는 비판을 받는다. 건축가의 개인적인 생각일 뿐이라고 평가한다. 공간제국주의라며 야유하는 사회학자도 있다. 엥겔스 시대와 무엇 하나 바뀌지 않은 비판이다. 주택의 형식을 바꾸려면 주택 자체와 더불어 주택의 외부도 바꾸어야 한다는, 안과 밖의 관계 자체를 바꾸어야 한다는 가장 본질적인 관점이 결여된 상태에서 설계를 비판한다면 결과적으로 이는 1가구 1주택을 옹호하는 입장이 되어버린다. 기존 설계로도 충분하지 않느냐는 오독을 하게 되는 것이다.

내가 현관을 투명 유리로 만들려 하는 이유는 안과 밖의 관계를 바꾸고 싶기 때문이다. 그리고 유리 현관에 저항감을 느끼는 건 1가구 1주택이라는 주택이어야 한다는 생각 때문이다. 만약 작업실이라면 현관문을 투명하게 한다고 해도 아무런 문제가 없을 것이다. 사무실이라면, 아틀리에 같은 방이라면, 또는 근처 주민을 위한 작은 카페 같은 장소라면, 외부로부터 사람이 찾아오는 방이라면 현관문은 오히려 투명 유리로 마감해야 훨씬 사용하기 편하고 보기도 좋을 것이다. 즉 'SOHO적'으로 사용한다면 현관문은 투명한 편이 좋다.

　화장실, 욕실, 주방을 창 쪽으로 붙인다는 설계도 투명한 현관문과 세트다. 일반적인 빌라의 배치는 리빙룸을 창 쪽으로 설계한다. 채광 때문이다. 현관과 가까운 장소에는 화장실이나 욕실이, 그리고 그 안쪽에는 주방과 개인실이 배치된다. 그래서 현관으로 들어서면 즉시 복도가 보이고, 복도를 따라 화장실이나 욕실이 있으며, 복도를 통과하면 막다른 장소에 리빙룸이 있다.[3]

　이 SOHO 형식의 주택은 창 쪽에 욕실과 화장실, 그리고 주방이 있다. 욕실이나 화장실, 주방을 개입시켜 홈 오피스가 되는 방의 채광을 확보한다. 따라서 현관으로 들어서면 눈앞에 커다란 공간이 나타난다. 이곳은 자유롭게 칸을 나눌 수 있는 공간이다. 커다란 사무실로 사용해도 되고 절반으로 나눠 한쪽을 침실로 사용해도 되는 등 상당히 유연하게 활용할 수 있다.

3——일반적인 빌라의 배치

즉 투명 유리로 마감한 문은 이렇게 유연하게 활용할 수 있는 방을 면하고 있다. 1가구 1주택 시스템의 주택과는 전혀 다른 배치다. 주택 설계에 관한 이러한 연구가 있어야 비로소 투명 유리의 현관문이 가능해진다. 기존의 1가구 1주택 시스템의 주택에서는 절대로 현관문을 투명 유리로 마감할 수 없다.

이러한 연구를 통해 이 주택 유닛은 일하는 장소로서도 생활하는 장소로서도 충분히 활용할 수 있을 것 같았다. 하지만 실제로 여기에서 일하기란 매우 어렵다는 사실을 점차 깨달았다. 공단이 독자적으로 정해둔 제약이 너무 많다. 손님이 자유롭게 찾아올 수 있다는 가정을 해서는 안 되며, 가게라는 사실을 알리기 위해 간판을 내걸어서도 안 된다. 즉 내근하는 사무실이라면 상관없지만 고객을 상대로 장사를 하면 안 된다. 주택은 어디까지나 프라이버시를 위한 장소이므로 이를 침해하면 안 된다는 것이다.

주민들끼리 교류할 수 있는 계기가 되었으면 좋겠다는 주민의 제안을 참고하여 시작된, S자 도로에서 매년 2회 개최되는 프리마켓이 있다. 물건을 정리하기 위해 낡은 옷을 판매하는 사람, 수제 액세서리를 판매하는 사람 등 주민들이 물건을

사고팔며 교류의 장으로 작용하고 있다.

그래도 실제로 생활하기 시작하자 아틀리에로 사용하는 사람도 있고 갤러리처럼 사용하는 사람도 있다. 크리스마스 시즌에는 현관에 크리스마스트리를 장식하는 사람도 있다. 투명한 현관문과 전면에 난 복도를 잘 활용하여 생활에 응용하는 사람도 있다.

그런데도 제도가 따라가지를 못한다. 일과 생활을 일체화하고 싶어 하는 주민은 많지만 그들의 기대에 부응하려면 건축기준법 자체를 바꾸어야 한다는 기존 공급자의 태도가 문제다. 주택이야말로 프라이버시를 지키기 위한 마지막 아성이라는 인식이다. 이는 공급자뿐 아니라 사람들 대부분의 머릿속에 각인되어 버린 믿음이다.

지역사회권을 실현하려면 그런 믿음을 불식시킬 수 있는 공간 모델이 필요하다. 시노노메 캐널 코트 실험은 이를 위한 한 걸음이었다.

—— 앞쪽

CODAN 시노노메 프리마켓
주민들끼리 교류할 수 있는 계기가 되었으면
좋겠다는 주민의 제안을 참고하여 시작된,
S자 도로에서 매년 2회 개최되는 프리마켓.
물건을 정리하기 위해 낡은 옷을 판매하는 사람,
수제 액세서리를 판매하는 사람 등 주민들이
물건을 사고팔며 교류의 장으로 작용하고 있다.

시노노메 캐널 코트 1구역

건축명: 시노노메 캐널 코트 1구역 | 위치: 도쿄도 고토구
용도: 집합주택, 가게 | 대지 면적: 9,221m² | 건축 면적: 5,938m²
연면적: 50,014m² | 최고 높이: 46,570mm
설계 기간: 1999. 10. – 2001. 3. | 시공 기간: 2001. 5. – 2003. 7.
규모: 14층, 지하 1층 | 주 구조: 철근콘크리트조,
일부 철골조 | 설계 협력: 도시기반정비공단 +
미쓰이건설·고노이케구미·다이닛폰토목공동기업체
구조 설계: 오리모토다쿠미구조설계연구소 + 도시기반정비공단 +
미쓰이건설·고노이케구미·다이닛폰토목공동기업체
설비 설계: 종합설비계획, EE설계, 도시기반정비공단 +
미쓰이건설·고노이케구미·다이닛폰토목공동기업체

비즈니스가 가능한 가설주택

헤이타 모두의 집

마지막 강의를 하는 날부터

2011년 3월 18일은 내가 그때까지 근무했던 대학에서 무사히 65세 정년을 맞이하여 마지막 강의를 하는 날이었다. 그런데 그로부터 일주일 전에 발생한 동일본 대지진으로 마지막 강의가 연기되었다.

연기된 마지막 강의 예정일 며칠 전 어떤 학생으로부터 메일이 날아왔다. "야마모토 선생님은 18일은 일정이 비어 있을 테니까 그날 모두 모이고 싶"다는 내용이었다. 동일본 대지진 이후 가슴이 뛰어서 잠을 잘 수 없다는 것이었다.

TV에서는 반복적으로 비참한 영상이 방영되었다. 바다가 불타오른다. 자동차, 집, 학교, 병원이 말로 표현할 수 없는 강력한 힘을 당해내지 못하고 서서히 탁류에 삼켜진다. 그런 와중에 사람들은 살아남기 위해 필사적으로 발버둥 친다. 위험에 놓인 사람을 돕기 위해 이리 뛰고 저리 뛴다. 그곳의 상세한 상황을 조금씩 알게 되면서 이쪽에서 그저 지켜만 보고 있는 우리는 무엇을 할 수 있는가 하는 생각이 들었다. 말로 표현할 수 없는 그 초조감은 TV 화면 앞에 앉아 있는 우리 모두의 초조감이었다.

건축학과 대학원생이 사용하는 스튜디오에 다른 대학 학생들도 포함하여 일흔에서 여든 명 정도의 학생이 모였다. 후쿠시마원자력발전소가 지진과 쓰나미로 파괴되어서 간토 지역 일대가 전력 제한에 들어갔고 대학의 전력 공급에도 제약이 있었다. 그래서 해가 완전히 졌는데도 스튜디오 안은 불이 들어오지 못하는 상태였다. 우리는 그 어두운 스튜디오 안에서 긴 시간 동안 대화를 나누었다.

내게 메일을 보낸 학생은 한신·아와지 대지진의 경험에 관해 이야기했다. 고베 출신으로 당시 초등학생이었던 그는 지진에도 충격을 받았지만 그 후 복구 과정에서도 큰 충격을 받았다고 했다. 그의 말에 따르면 커뮤니티가 세 차례에 걸쳐 파괴되었다. 첫 번째는 지진으로, 두 번째는 가설주택으로 이주하면서, 그리고 세 번째는 임대주택으로 이주하면서다. 커뮤니티는 그때마다 파괴되었다.

사람들은 단순하게 할당된 유닛에 가족 단위로 수용되었다. 가족은 혼자인 경우도 있었고 두 명, 세 명, 네 명, 다섯 명인 가족도 있었지만 모두 똑같은 유닛에 수용되었다. 그들은 이웃에 어떤 가족이 입주했는지는 전혀 모른 채 가설주택에

모두의 집의 리빙룸 중앙에는 난로가 있다. 주민들은 이곳에서
음료를 마시기도 하고 식사하기도 하면서 대화를 나눈다.

서로 마주 보는 주택 사이에 낀 도로는 주민들이 만나는 장소다.

입주했다. 그 주택은 각 가족의 프라이버시를 배려하기는 했지만 주민들 간의 관계는 전혀 고려하지 않았다. 주택을 공급한 쪽에서는 애당초 커뮤니티라는 발상을 전혀 하지 않았다. 그래도 이 가설주택에 살게 되면서 주민들은 나름대로 교류해 나갔다. 서로 돕지 않고는 살기가 어려운 상황이었기 때문이다. 하지만 가설주택에서 임대주택으로 이주하면서 그들은 다시 뿔뿔이 흩어져 버렸다. 임대주택에서는 다시 낯선 사람들과 생활해야 했다.

주택 공급 시스템의 무기력함

그날 나의 스튜디오 블로그에 이렇게 기록했다.

M1 후지스에의 요청으로 3월 18일
Y-GSA 스튜디오에 모였다.
모두의 초조한 마음이 스튜디오 안에 가득 찼다.
그 초조하고 안타까운 마음은 말로 표현할 수가 없었다.
그래서 매우 조용했지만 모두 각자 깊이 끓어오르고

있었다. 지금 우리는 무엇을 할 수 있을까.
대화를 나눈 내용을 간결하게 적어본다.

• 현재 일본 생활 시스템의 개혁
이번에 가장 큰 피해를 당한 도호쿠 산리쿠해안과
이와키시 근처에 있는 구주쿠리 사이의 한가운데에
후쿠시마원자력발전소가 있다. 후쿠시마원전은
도쿄전력이 전력을 공급하는 심장부다. 원자력발전소는
안전하다고 주장하면서, 심각한 사고가 발생할 경우
방사능 오염 피해로부터 무사하기 위해 굳이 도쿄에서
220킬로미터나 떨어진 곳에 원전을 만들었다. 결국
이번에 최악의 사태가 발생하면서 국가는 원전이
안전하다는 신화를 전혀 믿지 않았다는 사실이
드러난 것이다.
도쿄와 그 주변에 사는 우리는 후쿠시마원전으로부터
전력을 공급받아 소비하면서 생활해 왔다. 이런 공급과
소비의 관계를 바꿀 필요가 있다. 그러려면 기존의
국가적 규모의 인프라 계획과 그 인프라로 생활을

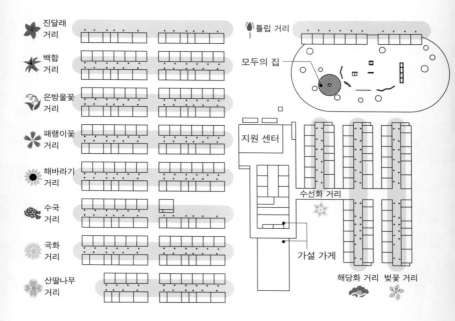

상점가처럼 거리를 향해 현관이 늘어선 배치다.
주민들과 의논하여 각 거리를 꽃 이름으로 짓고,
꽃 이름이 적힌 표시판을 함께 붙였다.
주민들끼리 얼굴 익힐 기회를 조금이라도
더 늘릴 수 있는 배치를 제안한 것이다.

지탱한다는 사고방식 자체를 바꾸어야 한다. 원전에
반대한다면 원전에 의지하는 일상생활, 그 생활 방식
자체를 바꾸어야 한다.

인프라 정비는 국가 통치의 근간이다. 그리고 주택은
우리 일상생활의 근간이다. 둘의 관계를 바꾸어야 한다.

재해 복구는 단순히 주택의 복구가 아니다. 주택의 수를
재건하기만 하면 되는 문제가 아니다. 파괴되어 버린
지역사회를 복원해야 한다.

영상을 보면 쓰나미에 떠내려간 주택 중에는 조립식주택이
많았다. 한신·아와지 대지진을 경험하며 조립식주택이
지진에 강하다는 신화가 생겨난 점도 원인으로 작용했을
것이다. 실제로 많은 조립식주택은 지진으로 파괴되지는
않았다. 대부분 본래 형태를 유지한 채 쓰나미에
떠내려갔다. 조립식주택이라면 안심해도 된다고 믿고
자기 돈을 들여 매입한 개인 자산이 너무나 쉽게
떠내려가 버린 것이다. 원형을 유지한 채 떠내려가는
주택의 모습은 이 나라 주택정책의 변명할 수 없는

결함 그 자체의 모습이다.

즉 사람들 대부분은 주택을 자기 책임으로 여기고 스스로 지키면서 주택을 중심으로 생활해 왔다. 누구의 도움도 받지 않고 자기 힘으로 생활해 온 사람들이 가장 큰 피해자가 되었다. 인프라 사업에 들이는 국가자본은 막대하다. 그에 비해 이런 생활을 하는 사람을 위해서는 얼마큼이나 노력을 기울여 왔을까. 거의 아무것도 하지 않았다. 아니, 그보다 그들을 생활인이 아닌 국가 경제에 공헌하기 위한 단순한 주택 매입자로만 바라보았다.

이런 재난에 대한 일본의 현 주택 공급 시스템은 정말 무기력하다. 주택 공급을 통해 지역사회를 풍요롭게 해야 한다는 생각은 전혀 하지 않기 때문이다. 주택은 스스로 책임지고 매입해야 한다. 온전히 자기 책임이다. 한편 인프라는 국가의 독점사업이다. 양쪽 관계에서 오는 괴리가 지나치게 크다.

도로도 상하수도도 정보 인프라도 즉시 복원될 것이다. 국가(행정)는 주택 계획과 관계없이 이런 인프라 계획을 추진할 수 있으니 말이다. 사실 어떤 주택을 지을 것인가

하는 문제와 주택에서 생활하는 사람을 지원하기 위한
인프라를 어떻게 계획할 것인가 하는 문제는 깊은 관계가
있다. 주택과 인프라는 하나가 되어 움직여야 한다. 하지만
이런 일체화 계획이라는 당연한 사고방식이 현재 일본
행정부에는 전혀 없다. 인프라와 주택을 일체화하여
생각한다는 것은 주택이라는 건축뿐 아니라 지역사회
전체를 조성한다는 사고방식이다. 우리는 장소 고유의
지역사회(커뮤니티)를 지역사회권이라고 부르는데,
이는 장소에 어울리는 인프라 시스템이나 장소 고유의
경제를 주택과 함께 생각하는 사고방식이다.
복구 계획은 단순히 주택을 복원하는 것이 아니다.
지역사회권을 복원하는 것이다. 재난을 당하기 전 이곳에
존재했던 지역사회권과 마찬가지로 강하고 자유로운,
그리고 미래를 향한 지역사회권이다. 그런 계획을
제안하는 일이야말로 우리 건축가가 해야 할 역할이다.
재난을 당한 사람에 대한 최초의 구제는 가설주택이다.
가설주택이라고 해도 앞으로 3-4년, 아니 그보다
더 오래 거주해야 할지도 모른다. 실제로 한신·아와지

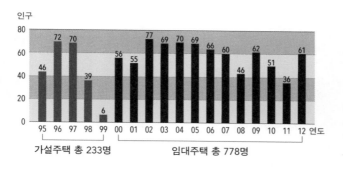

가설주택 총 233명   임대주택 총 778명

대지진 당시에는 10년 넘게 가설주택에서 생활해야
했던 사람도 많았다. 말이 가설주택이지, 가설주택은
임시로 머무르는 주택이라고 정의하기도 애매하다.[1]
따라서 단순히 가설주택을 짓는 것이 아니라 그전까지
생활했던 것과 비슷한 생활 방식을 되찾아 주어야
한다.[2] 즉 하나의 마을을 이루는 것처럼 가설주택을
만들어야 한다.

가설주택들이 한 마을을 형성하려면 다음 관점에
유의해야 한다.
- 주택은 서로 마주 보도록 배치한다.
- 현관문은 투명 유리로 마감한다.
- 누구나 자신이 사는 가설주택에서 가게를 열 수 있도록
  한다.[3] 피해자들은 자신이 생활하던 마을에서 각자
  이어오던 생업이 있었다. 우동집, 전파상, 커피숍, 선술집,
  약국, 생선 가게, 미용실 등. 주민 모두가 샐러리맨은
  아니었을 것이다. 이러한 생업은 거리를 활성화했다.
  마을의 거리는 주민들의 생업을 통해 성립되고

◀ 1──── 한신·아와지 대지진 당시
가설주택 및 임대주택에서 발생한 고독사
재난을 당해 어쩔 수 없이 가설주택을 거쳐
임대주택으로 주거지를 옮기면서 노인의
고독사 문제가 수면 위로 드러났다.
지역 커뮤니티를 몇 번이나 벗어나면서
겪게 되는 고립화는 재난이 초래하는
또 다른 피해 중 하나다.

유지되었다. 가설주택에서도 그런 환경을 영유할 수 있게
해야 한다. 이것이 가설주택에서의 생활을 활성화하는
근본이며, 투명한 현관문과 관계가 있다.
- 작은 공공시설(노인, 어린이, 장애인을 돌보기 위한
  시설)과 편의점을 일체화하고 자원봉사자 사무실을
  겸한다.
- 동시에 에너지원을 만든다. 발전기, 태양열발전기,
  바이오가스발전, 소수력발전 등 그 장소에 맞는
  발전 시스템을 구축하고 여기서 발생하는 열을 이용해
  목욕탕, 세탁소 등을 운영할 수 있다.

이런 가설주택이다. 조금이라도 지역사회권을 실현할 수 있는
가설주택에 관한 제안은 더 없을까.

　　3은 그때 모두가 함께 논의한 가설주택 제안으로, 한마디
로 설명하자면 주민이 장사를 할 수 있는 가설주택이다. 재난
을 당한 사람은 단순한 피해자가 아니다. 샐러리맨도 있고 전
업주부도 있지만 재난을 당하기 전 자기 마을에서 장사를 해

2──후쿠시마원자력발전소
이재민을 위한 가설주택
모든 주택에 남쪽을 면한 창문이
설치되었고 반대쪽에는 현관이
배치되었다. 일반적인 가설주택
배열이다.

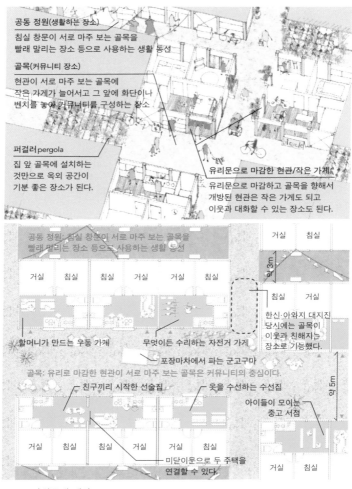

공동 정원(생활하는 장소)
침실 창문이 서로 마주 보는 골목을
빨래 말리는 장소 등으로 사용하는 생활 동선

골목(커뮤니티 장소)
현관이 서로 마주 보는 골목에
작은 가게가 늘어서고 그 앞에 화단이나
벤치를 놓아 커뮤니티를 구성하는 장소

퍼걸러pergola
집 앞 골목에 설치하는
것만으로 옥외 공간이
기분 좋은 장소가 된다.

유리문으로 마감한 현관/작은 가게
유리문으로 마감하고 골목을 향해서
개방된 현관은 작은 가게도 되고
이웃과 대화할 수 있는 장소도 된다.

공동 정원: 침실 창문이 서로 마주 보는 골목을
빨래 말리는 장소 등으로 사용하는 생활 동선

거실　침실　침실　거실　거실　침실

거실　침실

약 3m

할머니가 만드는 우동 가게　무엇이든 수리하는 자전거 가게

포장마차에서 파는 군고구마

침실　거실

한신·아와지 대지진
당시에는 골목이
이웃과 친해지는
장소로 기능했다.

골목: 유리로 마감한 현관이 서로 마주 보는 골목은 커뮤니티의 중심이다.

친구끼리 시작한 선술집　　옷을 수선하는 수선집

아이들이 모이는
중고 서점

약 5m

거실　침실　침실　거실　거실　침실

미닫이문으로 두 주택을
연결할 수 있다.

거실　침실

3──가설주택 제안

재난 직후 Y-GSA 스튜디오에 모여 나눈 대화를 계기로 제작한
가설주택에 대한 제안. 획일화된 조립식주택을 사용하면서도
커뮤니티를 육성할 수 있는 연구를 기울인 배치 계획이다. 주택의
얼굴인 현관을 서로 마주 보게 하고 현관문을 투명한 유리로
마감하여 주민들 누구나 가게를 비롯한 개방된 장소를 만들 수
있고, 생업을 살린 커뮤니티에서 중심이 되는 골목을 계획한다.

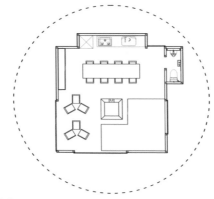

평면도 S=1/200

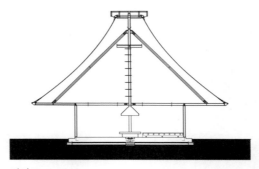

단면도 S=1/200

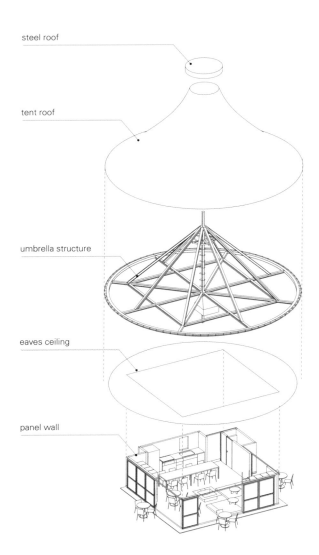

steel roof

tent roof

umbrella structure

eaves ceiling

panel wall

모두의 집 구성 엑소노메트릭axonometric
(물체의 모든 면이 투영면에 대해 경사를 이룬 상태에서
평행하게 투영하여 그리는 도법. 경사에 따라 등각 투영법,
이등각 투영법, 부등각 투영법 따위가 있다.—옮긴이)

오던 사람도 많다. 우수한 기술을 보유한 사람들이다. 그런 기술을 가설주택 안에서 발휘하도록 하자는 아이디어다.

이런 제안은 지금까지의 야마모토리켄설계공장의 연구 성과였다. 우리 스튜디오는 그때까지 일관적으로 지역사회권이라는 주제를 연구해 왔다. 지역사회권이란 기존 주택 공급 시스템의 근간이었던 1가구 1주택이라는 사고방식에 대한 비판이다. 그리고 이를 대신할 새로운 주거 형식에 관한 제안이다. 학생들과 함께 고안한 이 가설주택 제안은 주택에 대한 내 사고방식의 한 도달점이기도 했다.

나는 이 제안을 어떻게 해서든 실현하고 싶다는 생각에 2011년 5월 상순, 이와테현 주택과장을 만나러 갔다. 주택과장도 우리가 어떤 제안을 하고 있는지 말뜻은 이해해 주었지만 가설주택은 이미 발주가 끝난 상태이기 때문에 변경할 수는 없다고 했다. 우리는 기존의 조립식 가설주택이라도 상관없으니까 어떻게든 주택들이 서로 마주 보도록 배치할 수는 없겠느냐고 부탁했다.

주택과장이 신경 써준 덕분에 건물이 서로 마주 보도록 배치할 수는 있었다. 하지만 가게를 열 수는 없었다. 공급하는 사

4──귀심회
건축가 이토 도요, 구마 겐고, 세지마 가즈요,
나이토 히로시, 야마모토 리켄 등 다섯 명이
모여 발족한 건축가 그룹. 이재민이 모일 수 있는
장소인 모두의 집을 계획하는 등 재난으로
파괴된 커뮤니티를 복구하고 유지하는
활동을 하고 있다.

람과 생활하는 사람 모두 그 주택은 프라이버시를 지키기 위한 장소이며 경제활동을 하는 장소는 아니고, 경제활동은 주민의 프라이버시에 대한 권리를 침해할 우려가 있다고 강하게 믿었기 때문이다.

그 후 이 헤이타平田 가설주택 한구석에 "모두의 집みんなの家"이라는 이름을 붙인 작은 집을 만들어 텐트 구조를 이용해서 충분한 채광을 실내로 유입했다. 밤에는 커다란 랜턴이 되어 가설주택 단지의 심벌이 된다. 낮에는 카페, 밤에는 선술집 등의 방식으로 활용할 수 있는 집이다. 대지진 이후, 나를 포함해 건축가 다섯 명이 모여 귀심회歸心の會4라는 그룹을 만들었는데, 귀심회 봉사활동의 일환으로 진행했다.

헤이타 모두의 집
건축명: 헤이타 모두의 집 | 위치: 이와테현 가마이시시
용도: 집회장 | 대지 면적: 32,193.88m² | 건축 면적: 63.86m²
연면적: 41.96m² | 최고 높이: 7,400mm
설계 기간: 2011. 8.–2012. 3. | 시공 기간: 2012. 4.–2012. 5.
규모: 1층 | 주 구조: 철골조, 목조
설계 협력: – | 구조 설계: 사토준구조설계사무소
설비 설계: 간쿄엔지니어링 | 시공: 웰스

한국 공영주택의 지유

성남 판교힐우치

샐러리맨 가족을 위한 주택

한국 성남시 판교에 세워진 100가구의 집합주택이다.

국제 공모전이었다. 일본에는 이런 공공 집합주택을 설계할 때 전 세계에서 아이디어를 모집하는 국제 공모전 같은 설계자 선정 방법은 없다. 발주자(공공단체)가 그때까지 의존해온 표준적인 주택 계획에서 벗어날 우려가 있기 때문이다.

관료 조직의 말단 부서는 뜻이 다른 설계자가 선발되어 마음에 들지 않는 설계를 했다가 비판받으면 어떻게 하나 하는 겁을 먹고 있다.

일본의 공공주택 설계는 관료 기구(국토교통성)의 주도로 진행된다. 전후 최초의 주택 모델은 도쿄대학 요시타케 야스미가 주축이 되어 개발한 모델이었다. 요시타케는 주택뿐 아니라 모든 공공 건축의 표준화를 지향한 당시 건축설계 업계의 중심적 지도자다. 그러한 건축의 표준화 연구를 건축계획학이라고 하는데, 건축계획학 연구는 (아직까지도) 수많은 대학에서 교육과정의 핵심을 차지하고 있는 일본 건축설계 교육의 왕도discipline다. 행정에서도 공공 건축을 만들 때 건축계획학적 관점을 적용한다. 건축계획학을 바탕으로 표준화해야

유닛 타입
1주택, 3-4층 건물.
1그룹은 다양한
변화를 준 주택으로
조합되었다. (4층인
D와 E 타입은 가정용
엘리베이터가 있다.)

 A-174m² B-189m² C-208m² D-241m² E-254m²

F-170m² G-170m² H-207m² I-218m²

한다고 여겨진 것은 병원, 학교, 노인복지 시설, 도서관, 미술관, 극장 등 다양한 공공 건축이다. 전후 복구기에 생긴 편차, 그리고 지역별 편차를 없애기 위해 모든 공공 건축에는 표준적인 설계가 적용돼야 한다고 여겨졌는데, 이 표준화를 연구하는 학문이 건축계획학이다.

주택도 표준화되었다. 요시타케연구실에서 담당한 전쟁 직후의 표준 계획이 "51C"다. 51C[1]라는 기호는 1951년에 설계했을 때의 C안이라는 의미다. 그리고 다이닝 키친이라는 말과 그 머리글자를 딴 DK라는 기호가 등장했다. 최초의 표준 주택이 이 DK와 두 개 침실로 구성되는 계획이었다. 지금은 2DK라는 기호가 일반화되었다. 이 계획은 부모와 자녀로 구성된 가족 네 명을 '표준 가족'으로 가정하고 그들의 프라이버시를 지키는 것을 1순위로 삼아 만들어진 것이었다. 이 계획이 공단이나 공영주택에 채택되어 대량으로 공급된 것이다. 사람들에게 끼친 영향은 매우 컸다. 사람들은 이것이야말로 미래의 주택이라고 완벽하게 믿게 되었다(각인되었다). 즉 일본인은 2DK에 완벽하게 세뇌당한 것이다.

2DK는 이른바 샐러리맨을 대상으로 삼은 주택이었다. 표

1 —— 51C 타입 평면도

준 주택에 사는 가족이란 샐러리맨의 가족을 가리키는 것이었다. 가업으로 생활을 이어가는 사람이나 집 안에서 일하는 사람은 전혀 안중에 없었다. 당시 국가의 미래 번영에 가장 중요한 존재는 임금노동자였다. 앞으로는 임금노동자의 사회가 찾아올 것이었고, 그런 사람을 위한 주택이 2DK였다.

2DK는 그 후 다양하게 변형되어 1DK와 3DK, 또는 리빙룸과 하나가 되어 2LDK나 3LDK 등 다양한 타입이 만들어졌는데 기본형은 2DK, 즉 샐러리맨의 가족을 위한 1가구 1주택이었다.

그렇게 이미 표준화된 주택 형식이 무너지는 것에 대한 두려움에 공모전은 회피되었다. 하물며 국제 공모전이라니, 일본 공공주택에서는 찾아볼 수 없다.

작은 광장, 커먼 데크의 자유

판교하우징은 서울에서 자동차로 1시간 정도 걸리는 교외에 위치한 성남에 세워진 100가구의 집합주택이다. 판교는 2003년 말부터 개발하기 시작한 뉴타운으로, 거주 시설뿐 아니라 IT와 관련한 첨단 기술의 거점이기도 하다. 클라이언트는 일본의 주택 공단에 해당하는 한국토지주택공사 LH로, 일본과 달리 지금도 주택을 대량공급하고 있다. 공공주택에 대한 행정의 의식은 일본과 비교할 수 없을 정도로 높다. 일본에서는 주택 공급이 단순히 경제성장을 위한 수단이 되어버렸지만 한국의 공사는 주택정책이야말로 국민 생활을 지원하는 가장 중요한 요소라는 사실을 잘 알고 있다. 그래서 주택에 관하여 항상 새로운 제안을 찾는다. 그러니 새로운 아이디어를 세계에서 구하는 것은 당연하다.

한국의 공사 LH는 다양한 경제적 계층에 대해 다양한 주택을 준비하려고 노력하는데, 판교하우징은 그중에서도 비교적 부유한 계층을 대상으로 판매하는 분양주택이다. 남쪽을 향해 완만하게 경사진, 녹음이 우거진 곳이다. 전체 300가구의 주택을 대상으로 하는 공모전에서 결과적으로 건축가 세 명이 선발되었다. 나와 핀란드 건축가 페카 헬린, 그리고 미국 건축가 마크 맥 등이다.

각 건축가는 100가구씩 주택 설계를 담당한다. 우리는 100가구의 주택을 아홉 가지 클러스터cluster로 나누었다.[2] 한 클러스터당 11-12세대 정도로 묶인다. 또 각 클러스터는 커먼

주민들은 현관홀을 다양한 방법으로 활용하고 있다. 커먼 데크는 공유 공간이지만
사유 주택과의 경계는 매우 모호하다. 주민들이 서로 합의만 하면 커먼 데크를
사적으로 사용할 수도 있다.

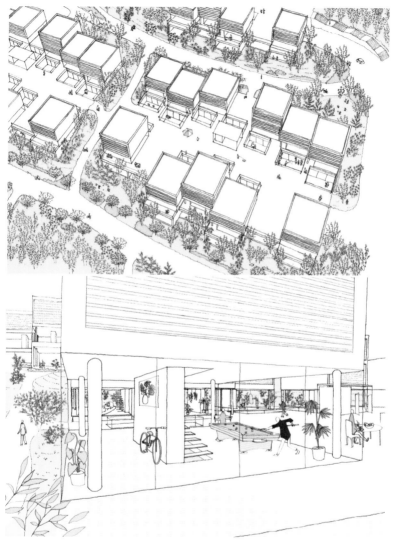

공모전 때 그린 스케치

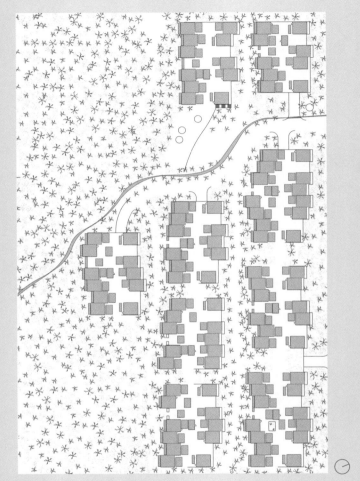

2——배치도 S=1/2000
한 그룹을 11-12세대 정도로 묶어
아홉 개 그룹(100가구)이 배치된다.

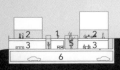
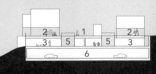
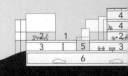

단면도 S=1/1000

2층 평면도 S=1/300

1. 커먼 데크
2. 현관홀(시키이)
3. 리빙룸, 다이닝룸
4. 침실
5. 성큰 가든sunken garden
6. 주차장

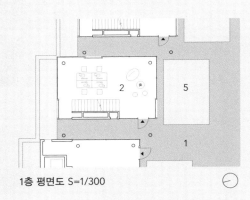

1층 평면도 S=1/300

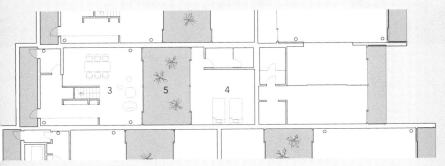

지하 1층 평면도 S=1/300

커먼 데크를 중심으로 주택이 서로 마주 보도록 배치되었으며
열 세대 정도의 주택이 한 그룹을 구성한다. 밤에는 현관홀의
빛이 밖으로 새어 나가 외부가 꽤 밝다.

커먼 데크 뒤쪽 잡목숲에서 한 바비큐
현관홀은 사방이 유리로 마감되어 있고 커먼 데크와
연결되어 있다. 객실로 사용하는 사람도, 갤러리로
사용하는 사람도 있다.

데크common deck라고 하여 함께 공유하는 작은 광장이 있다. 그리고 모든 현관홀이 이 커먼 데크를 바라본다는 구성이다.

클러스터는 지하 2층이 주차장, 지하 1층이 리빙룸과 침실(법적으로는 지하로 분류되어 있지만 실제로는 지상층처럼 충분한 채광이 들어온다.), 1층이 커먼 데크와 현관홀, 2층이 자녀 방이다. 이 구성만 보면 평범하다는 느낌이 들지만, 커먼 데크를 면한 현관홀은 사방을 유리로 마감하여 밖에서 그대로 들여다보인다. 그리고 다양한 용도로 사용할 수 있게 넉넉한 넓이를 갖추었다. 접대하는 데 사용하거나 갤러리, 카페, 음악실 등으로 사용하거나…. 즉 "시키이"다.

지하 2층에서 올라오는 엘리베이터도 커먼 데크에 멈춘다. 약 열두 세대의 사람들이 이 커먼 데크를 중심으로 생활하는 배치다.

사람들은 대부분 커먼 데크 또는 현관홀을 다양하게 변형해서 사용한다. 사진이 취미인 사람은 사진을 전시하는 갤러리로 사용하고, 미니바를 설치해 응접실로 사용할 수도 있다. 또 카페를 만들거나 중정에(중정이라고 해도 커먼 데크이기 때문에 공유 영역이지만) 나무 데크를 깔고 위에는 오닝(이동식 텐트)을 설치하여 쾌적한 테라스로 삼거나 플랜터(화초를 심기 위해 멋스럽게 만든 화분이나 용기—옮긴이)를 두고 나무를 기른다. 주택과 주택 사이에는 의자와 테이블을 놓아 옥외 공간을 더 쾌적하게 사용한다. 주민들끼리 의논하여 자유롭게 사용하는 것이다. 일본의 공영주택과 비교하면 정말 자유롭다.

일본이라면 공공 영역에 사적인 물건을 놓으면 안 된다는, 마음대로 사용하면 안 된다는 식의 다양한 규제가 있다. 실제로 시노노메 캐널 코트가 그렇다. 하지만 이곳에서는 마치 주민들끼리 합의가 되면 무엇이든 할 수 있듯, 거주자 본인들이 내가 처음에 의도한 것보다 훨씬 자유롭고 쾌적하게, 그리고 훨씬 다양한 방법으로 활용하고 있다.

외국에서 일을 해보면 단순히 프라이버시와 보안을 지키는 데만 매달리는 일본의 공영주택과 민간주택이 얼마나 이상한지 쉽게 알 수 있다. 아무 생각 없이 그저 1가구 1주택이라는 표준화된 주택을 늘리기만 하는 것이 바람직하지는 않을 텐데도 거기에만 매달린다. 아니, 이제는 그마저도 포기하고 민간의 주택 회사나 시행사에 모든 것을 떠넘겨 버렸다. 주택정책은 국가적인 경제성장을 지탱하기 위한 경제정책(경제정책이라는 것도 지금 당장 효과를 올릴 수 있는 근시안적 정책이지만) 역할만 하고 있는 것이다. 그렇게까지 돈벌이에만 매달려야 할까. 국가행정(국토교통성)은 주택정책에 관해, 주민의 생활에 관해 조금은 진지하게 생각해 봐야 하지 않을까. 건축 전문가로서 정말 화가 난다.

성남 판교하우징
건축명: 성남 판교하우징 | 위치: 한국 성남시 | 용도: 집합주택
대지 면적: 29,135m² | 건축 면적: 13,790m² | 연면적: 34,253m²
최고 높이: 9,300mm | 설계 기간: 2006. 2.–2008. 4.
시공 기간: 2008. 7.–2010. 11. | 규모: 4층, 지하 1층
주 구조: 철골조, 철근콘크리트조 | 설계 협력: 건원
구조 설계: 구조계획플러스원 | 설비 설계: 종합설비계획
시공: Hanyang Corporation

거대 집합주택

이것도 국제 공모전이었다. 강남 지역은 "강남스타일"이라는 말이 한때 일본에서도 유행한 적이 있는, 한국에서 가장 주목을 끄는 뉴타운이다. 여기에 총 7,000세대의 집합주택을 만드는 계획이었다.

"저소득층을 위한 주택정책을 적극적으로 추진하는 서울시이지만 인근 주민, 또는 시행사가 그 건설에 강하게 반대하기 때문에 도심에서의 개발이 어렵다. 그 때문에 철도역 상부를 새로운 공공용지로 보고 고령자나 저소득층을 위한 주택을 교통 생활 편리 시설 등과 함께 복합적으로 개발, 공급하려 하고 있다. 그런 한편, 일반적인 방식은 서울 중심부에서 떨어진 장소에 있는 대규모 택지를 이용하는 것이다. 공급할 때는 1-2인 가구의 증가에 따른 세대의 구조적 변화와 집합주택에서 발생할 수 있는 다양한 사회문제 등에 대응하기 위해 새로운 주거 형식이나 주택 공급 방법을 모색한다. 이 강남하우징도 그런 정책의 일환이다."[1]

이렇게 친절하게 설명해 준 사람은 이 설계에 큰 도움을 준 이은경 씨다. 그녀는 서울대학교를 졸업한 후에 네덜란드

---

1 ──── 한국의 주택정책
한국의 주택은 전세라고 불리는 공공 임대가 많다.
전세는 주택 가격의 30-70퍼센트를 소유자에게
보증금으로 예치하고 일정 기간 빌려서 사용하다가
퇴거할 때 보증금 전액을 돌려받는 시스템이다. 또
1989년 한국에서는 주택 공급이 부족했는데 그때
저소득층을 대상으로 시작한 것이 영구임대주택이다.
그 후의 국민임대주택은 10-30년 정도의 임대 기간
이후 분양받을 수 있는 공공주택이다.

에서 유학했고, 벨기에의 설계사무소에서 경험을 쌓은 후 우리 사무실에 들어온 건축가로, 이 공모전에는 설계 초기 단계부터 참가했다. 서울의 주택 사정, 독특한 법적 기준 등 그녀에게 많은 것을 배우며 설계했다. 실제로 그녀가 없었다면 이 공모전에서 선정되기는 어려웠을 것이다.

사실 이 계획이 실현된 순간 한국의 인터넷 신문으로부터 강한 비판을 받았다. 프라이버시가 없다는 이유에서다. 건물을 서로 마주 보도록 배치하고 각각의 현관문을 유리로 마감한다는 계획이 비판 대상이었다. 확실히 프라이버시를 중시하는 그때까지의 집합주택 계획과는 전혀 다른, 상당히 대담한 제안이기는 했다. 건물이 서로 마주 보고 현관문은 투명한 유리로 마감한다…. 공모전이라고 해도 이런 제안이 받아들여졌다는 것은 아무리 생각해도 대단한 일이다.

가족의 프라이버시는 20세기 초부터 현재에 이르기까지 주택 계획의 대원칙이다. 그래서 주택은 각각 고립되어 마치 밀실처럼 만들어졌다. 이웃하는 주택들이 가능한 한 서로 간섭하지 못하도록 만들어진 것이다. 이런 1가구 1주택이라는 모델은 결코 커뮤니티를 형성하지 않는다. 주택을 만드는 방

법 자체가 원리적으로 커뮤니티를 만들 수 없는 구조로 이루어진 것이다.

우에노 지즈코 씨는 이렇게 말했다.

"마음이 맞지 않는 이웃과 왜 사이좋게 지내야 하나요?" (웃음)[1]

현실적으로 맞는 말이다. 그래서 사람들은 이제 커뮤니티 같은 것은 필요 없다고, 이런 현실적인 상황을 그대로 인정하고 또 실감하고 있다.

그런 실감은 어디에서 오는 것일까. 이마누엘 칸트는 실감이라는 의식은 때로 잘못된 의식일 수 있다고 말했다. 그 잘못된 의식을 가상假象이라고 한다. 실제로 그렇게 보인다고 해서 그것이 과연 진실일까. 왜 그렇게 보이는 것인지, 그 원인으로까지 거슬러 올라가 보지 않으면 지금 보고 있는 것이 진실인지 아닌지는 알 수 없다고 칸트는 말했다. 지금 보고 있는 것은 가상에 지나지 않는 것이 아닐까.

커뮤니티라는 인간관계를 파괴해 온 다양한 원인 중에서도 핵심은 1가구 1주택이라는 주거 형식이다. 우리는 그런 주택을 계속 설계해 왔고, 이는 건축가들의 큰 실수였다. 건축가

---

[1] 上野千鶴子,《建築雑誌》, 2000年10月号, 日本建築学会.

들은 1가구 1주택을 만드는 한편으로 그런 주택을 모아 어떻게 하면 커뮤니티를 만들 수 있을 것인가 고민하는 모순된 행위를 해왔다. 실패 위에 모순까지 얹었으니, 그것이야말로 문제였다. 그런데도 계속해서 실패 위에 모순을 겹치며 지금과 같은 주택들을 끈질기게 공급해 왔고, 주택 공급업자는 그곳에서 생활하는 사람들은 커뮤니티는 바라지 않는다고 잘라 말한다. 사회학자도 그렇게 말한다.

건축가는 다르게 생각해야 한다. 만약 지금 커뮤니티가 존재하지 않는다면, 그리고 그 원인 중 하나가 1가구 1주택이라는 주택 형식이라면, 이 원인을 깊이 살펴보아야 한다.

커뮤니티는 가능하다. 이웃하여 함께 살아간다는, 그리고 그것이 쾌적하다고 생각할 수 있는 주택은 얼마든지 계획할 수 있다. 이를 강남하우징을 통해 확인하고 싶었다.

우리가 담당한 A3 블록은 1,065가구로 이루어진 집합주택이다. 주택 하나하나는 매우 작다. 가장 작은 유닛은 겨우 21㎡에 지나지 않는다. 지금은 세계적으로 유명한 도쿄의 원룸 빌라조차 최근에는 최소한 25㎡ 정도는 되니까 21㎡는 이상할 정도로 작다. 그다음으로 큰 유닛은 29㎡다. 이 두 종류의 유닛은 주로 1인 가구를 대상으로 삼은 유닛이다. 영구 임대라고 불리는데, 주민이 원한다면 언제까지고 영원히 임대주택으로 살 수 있다는 의미다. 36㎡와 46㎡인 주택은 국민 임대라고 불린다. 임대해서 일정 기간 생활하면 그 후에 주택을 매입할 수 있는 시스템이다.

한국의 공공주택은 입주자의 경제적 조건에 따라 매우 세밀한 공급 구조를 갖추고 있다. 임대할 것인지, 분양받을 것인지, 바닥 면적은 어느 정도로 할 것인지 등 입주자가 상당히 자유롭게 선택할 수 있다. 모든 주택의 공급을 주택 회사나 민간 시행사에게 맡겨버린 일본의 정책은 한국과 비교할 필요도 없이 노골적으로 저소득층을 버리는 정책이라는 점을 새삼 실감한다.

하야카와 가즈오는 이렇게 말했다.

"주거는 생존의 기반이다."[1]

주거지가 없는 사람은 삶을 부정당하는 것과 같다. 한국의 주택정책도 당연히 비판을 받고 민간 시행사와의 알력도 있다. 민간 시행사를 압박한다는 비난도 있다. 그래도 모든 국민에게 살아갈 수 있는 장소를 보증하려 하는 기본적인 사고방

---

[1] 早川和男,『居住福祉』,
二頁, 岩波新書, 1997.

배치도 S=1/3000

D

C

B

A

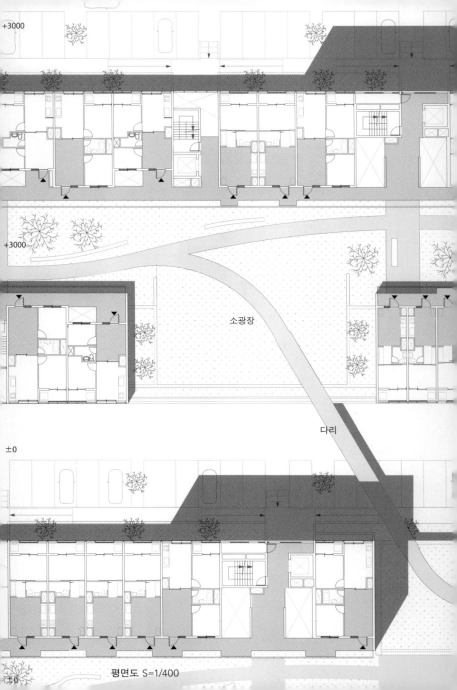

+3000

+3000

소광장

다리

±0

평면도 S=1/400

±0

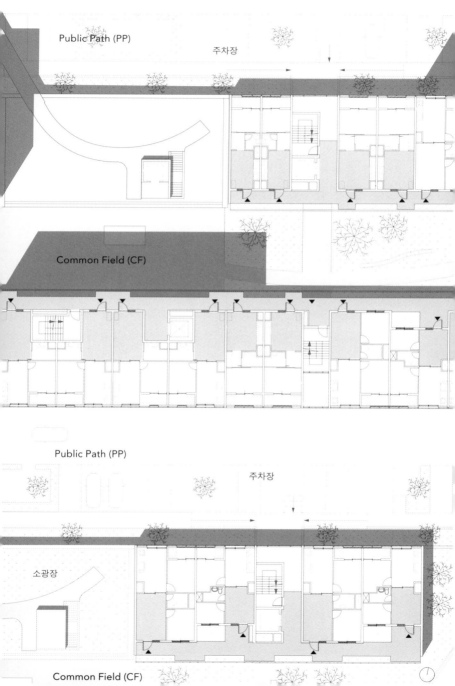

Public Path (PP)

주차장

Common Field (CF)

Public Path (PP)

주차장

소광장

Common Field (CF)

식은 배워야 할 필요가 있다.

지금까지는 없었던 배치 계획

강남하우징은 세 개 블록으로 형성되어 있다. A5 블록(1,300
가구)은 네덜란드 건축가 프리츠 판 동언이, A4 블록(500가구)
은 한국 건축가 이민아가, A3 블록은 우리가 담당했다. A3 블
록은 다른 두 블록과 비교할 때 사회적 약자를 강하게 의식한
블록이었다.

　우리는 영구 임대와 국민 임대를 건물로 분류하지 않고 서
로 뒤섞는 계획을 제안했다. 건물에 따라 계층화되어서는 안
된다고 생각했기 때문이다.

　남쪽으로 완만하게 경사진 대지에 건물을 여덟 동 배치했
다. 그리고 여덟 동의 건물 중 두 건물씩 한 세트로 삼아 서로
마주 보도록 배치했다. 마주 본다는 의미는 현관 즉, 접근하는
방향이 서로 마주하고 있다는 의미다.[2] "face to face"다. 서로
마주 보는 건물 사이의 공간은 커먼 필드common field, CF, 공동
의 중정이다. 이 중정을 향해 배치된 현관문은 투명 유리다.

　그리고 주택을 어떻게 설계할 것인지 연구했다. 침대를 놓

커먼 필드

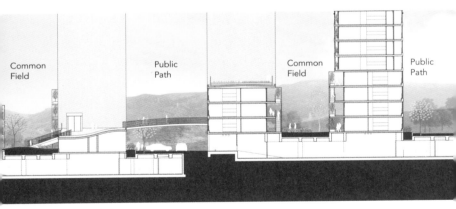

Common Field

Public Path

Common Field

Public Path

2 —— 단면도 S=1/600

는 방이 투명한 유리를 면해 있다면 안정적으로 살 수가 없다. 아무리 작은 유닛이라고 해도 침실과 다이닝룸을 두 개로 나눠야 한다. 잠을 자는 공간과 식사를 하는 공간의 분리다. 하지만 51C가 지향한 것처럼 부부의 침실을 분리하는 것이 목적이 아니라 다이닝룸 또는 리빙룸을 외부를 향해 개방하기 위해서다. 눈앞에 주민들이 공동으로 사용하는 중정(CF)이 있고 익숙한 얼굴들이 그곳에서 생활한다. 독거노인이 많은 이 집합주택에서는 불특정 다수의 사람들이 오가는 것이 아니니, 이 중정을 적극적으로 사용하게 하기 위해서도 다이닝룸을 외부를 향해 개방하는 편이 바람직했다.

외부를 향해 무조건 주택을 개방한다는 의미가 아니다. 현재의 1가구 1주택으로는 외부와의 관계를 형성할 수 없다. 즉 외부로 개방할 수 없다. 그러려면 외부를 어떻게 설계해야 할지, 외부와 내부의 관계는 어떻게 설계해야 할지를 고려해야 한다. 외부와의 관계를 함께 설계하지 않는 한, 주택을 외부로 개방할 수는 없다. 단독주택과 달리 집합주택 설계는 이런 배치 계획, 인프라 계획을 함께 설계할 수 있는 절호의 기회다.

마주 보는 관계, 그리고 옥상의 텃밭

커먼 필드를 사이에 두고 서로 마주 보는 관계인 네 개 그룹이 생긴다. 남쪽에서부터 A, B, C, D 네 개 그룹이다. 그리고 각 그룹 사이에 끼어 있는 장소가 공용 도로Public Path, PP로, 차도이며 주차장으로 접근하는 도로다. 강남하우징의 건물 여덟 동이 그저 기존 방식처럼 남쪽을 향해 병행 배치된 듯 보일 수 있겠지만, 사실은 전혀 다르다.

이렇게 만들어진 네 개 그룹은 내부에서 어떤 관계를 이뤄야 할지, 그리고 각 그룹이 서로 어떻게 관계를 형성해야 할지에 대한 제안이다. 네 개 그룹은 공용 도로를 가로지르는 다리로 연결되어 서로 오갈 수 있어야 한다. 각 그룹에 공공시설이 있기 때문이다. A 그룹에는 집회장과 관리 시설, B 그룹에는 보육원, C 그룹에는 노인복지 시설, D 그룹에는 스포츠 시설이 각각 자리 잡고 있다. 주민들은 공용 도로 위의 다리를 건너 각 시설에 접근한다.

각 건물은 네 층의 저층 영역과 열네 층의 고층 영역으로 이루어져 있다. 고층 건물의 북쪽은 광장 구성이다. 주택으로 지으면 북쪽에 고층 건물의 그늘이 져서 불편하기 때문이다.

또 A 그룹은 빨간색, B 그룹은 파란색, C 그룹은 녹색, D 그룹은 노란색으로 각각 구분해 어떤 그룹에 자신의 주택이 속하는지 쉽게 알 수 있도록 했다.

저층 영역의 옥상은 텃밭[3]이다. 이 계획의 가장 큰 히트는 이 텃밭이었다. 사람들이 배추, 호박, 콩, 토마토 등을 기르며 그야말로 번성을 누린다. 주민들의 이런 자유로움이 좋다. 일본에서 이런 제안을 한다면 관리자 쪽에서 즉시 거부한다.

실제로 미쓰쿄하이쓰에서 제안해 보았지만 말을 꺼내자마자 거절당했다. 모든 주민의 평등이 가장 우선되어야 한다는 이유에서였다. 모두 평등하도록 중정을 구획으로 나눈다면 허가해 줄 수 있지만 금전적 이익을 얻을 우려가 있으므로 농작물을 생산해서는 안 된다. 또 주변 주민들로부터 불공평하다는 민원이 들어올 수도 있다고 한다. 그래서 화분 정도가 최대다. 미쓰쿄하이쓰는 지정 관리자가 있기 때문에 그들이 안 된다고 하면 안 되는 것이다. 결국 아직도 텃밭은커녕 화분 종류의 재배조차 실현하지 못하고 있다. 중정을 한국처럼 텃밭으로 만든다면 실질적 이익뿐 아니라 주민들이 사이좋게 어울리는 데도 큰 도움을 주지 않을까.

어쨌든 강남하우징의 옥상 텃밭은 큰 인기를 얻고 있다. 텃밭을 어떻게 운영할 것인가 하는 문제는 주민들 자신이 판단하며 주체적으로 관리하면 된다. 이것이 한국주택공사 LH의 사고방식이다. 지금은 옥상뿐 아니라 1층의 커먼 필드도 텃밭으로 변해가고 있다.

일본과 한국을 비교하면 아직은 한국이 주민의 주체성을 좀 더 존중하는 듯한 느낌이 든다. 옥상 텃밭뿐 아니라 현관문을 투명하게 하는 문제도 심각한 논의 대상이었다. LH는 처음에 난색을 보이며 어떻게 해서든 내부를 가릴 수 있는 시트를 붙여야 한다는 식으로 말했다. 그래서 이미 투명 유리로 마감한 주택에 시도해 보았다. 내부를 가리는 시트를 붙인 현관문은 안쪽에서 보면 폐쇄감이 상당했다. LH 담당자와 함께 이를 확인했는데 담당자는 "확실히 투명한 쪽이 좋겠습니다. 블라인드를 안쪽에 설치해서 거주자 자신이 결정하도록 하는 것이 좋겠어요."라고 말했다. 최종적으로는 거주자가 결정하게 하자는 것이다.

옥상의 텃밭도 그렇고 투명 유리로 마감한 현관도 그렇고, 관리자가 주민들의 의견을 듣는 척해놓고 자기 형편에 맞게

1층의 커먼 필드도 텃밭으로 변해가고 있다.

일방적으로 정해버리는 일본에서는 있을 수 없는 일이 이 계획에서는 가능했다.

우리는 공모전 단계에서 외부에 대한 이런 투명성이 얼마나 소중한지 설명했다. 한국의 전통 민가에는 사랑방이라고 불리는 객실 같은 방이 있다. 일본의 자시키座敷와 마찬가지로 주인이 손님을 접대하기 위한 장소다. 사랑방은 정문이 나 있는 중정을 면해 있는, 주택이라는 사적 공간 안에 존재하는 공적 공간이었다. 즉 "시키이"다. 이 사랑방을 현대 주택에 부활시킨다면 어떻겠는가 하는 제안을 했는데 그런 제안이 심사위원들에게 받아들여졌다.

일본에서 공공주택 공모전을 전혀 찾아볼 수 없는 이유는 공공주택을 통해 주민을 어떻게 관리할 것인가 하는 사상을 바탕으로 만들어지기 때문이다. 즉 그 주택은 행정 쪽에서 관리해야 한다는 것이다. 그런데 공모전을 개최할 경우, 그런 관리 시스템이 무너질 우려가 있다. 이것이 일본에서 공공주택 공모전을 찾아볼 수 없는 이유다.

3———옥상에 녹색 텃밭을 만들어 주민들이 자유롭게 사용하고 있다.

일을 하는 장소가 커뮤니티를 만든다

미래에 강남하우징의 주택 유닛을 이용하여 일을 할 수 있게 하면 좋겠다는 생각이 든다. 그것도 주택 내부에서만 조용히 내근하는 일이 아니라 고객을 불러들이는 그런 일 말이다. 카페 같은 가게도 좋고 잡화점도 좋다. 지금까지 쌓아온 자기 기술을 살릴 수 있는 가게, 또는 앞으로 연마하고 싶은 기술에 도전하는 가게, 또는 틈새 산업 같은 가게, 누구나 도전할 수 있는 그런 가게를 여기에 만든다. 이익은 적어도 상관없다. 이곳에서 나름대로 돈을 번다는 사실이 중요하다. 그런 수요는 저소득층뿐 아니라 모두에게 잠재되어 있을 것이다.

현재의 주택은 단순히 소비하는 장소일 뿐이다. 소비하는 장소란 자녀를 낳고 양육하는 장소이며 가족이라는 사적 집단만을 위한 장소라는 뜻이다. 주택이란 그런 사적 집단을 유지하고 관리하는 장소인 것이다. 몇 번이나 강조하지만 그렇기 때문에 그런 집단이 아무리 모여도 커뮤니티는 탄생하지 못하며, 실제로 탄생하지 않았다. 그리고 이런 사실만을 내세워 미래의 공간에서도 커뮤니티는 불가능하다고 말하는 많은 (많은지 어떤지는 확실히 알 수 없지만) 사회학자의 미래 예측은

커먼 필드는 공유 중정이지만 ▶
주민들은 이곳을 자유롭게 사용한다.

그야말로 착각이다.

왜 그런 착각을 하는 것일까. 사회학자는 과거를 돌이켜 보고 조사하며 (때로) 그 결과를 그대로 미래에 접속시키려 하기 때문이다. 조사 결과(과거)에 근거하여 미래를 예상하려 하기 때문이다.

20세기의 사상가 한나 아렌트는 이를 사회학자의 착각이라기보다 사회학이라는 사고방식 자체에 내재한 근본적인 모순이라고 지적했다. 그녀는 『이데올로기와 유토피아』에서 모든 사상은 존재피구속적存在被拘束的이며, 그때까지의 사상에 구속되어 있다고 말한 카를 만하임에 대해 다음과 같이 비판했다.

"만약 그렇다고 해도, 다른 한편에서 '그 무엇에도 구속받지 않는 사상'의 가능성에 관해 언급하지 않는다면 만하임은 어떤 입장에도 서지 않는, 즉 아무 말도 하지 않는 것과 같다."[1]

지금의 1가구 1주택에 사는 사람들의 생활에 관한 조사를 근거로 삼는 한 커뮤니티라는 존재는 불가능하다는 사회학자의 지적은 옳다. 1가구 1주택은 가족의 프라이버시가 가장 존중되어야 한다는 사상에 바탕을 두고 만든 공간이다. 그 사상

---

[1] ハンナ・アーレント(著), ジェローム・コーン(編集), 齋藤純一, 山田正行, 矢野久美子(翻訳), 『アーレント政治思想集成1』, 「哲学と社会学」, 四二頁, みすず苔房, 1990.

을 전면적으로 인정한다면 커뮤니티는 확실히 불가능하다. 그러나 이는 1가구 1주택만을 전제로 둔 사고방식이다. 만약 그 외의 주거 형식을 고안한다면 그곳에 사는 사람들에게도 커뮤니티의 부재를 적용할 수 있을까 하는 의문에 대한 답변으로는 적절치 않다.

사회학자는 과거를 조사하지만 건축가의 일은 사회학자의 일이 끝난 지점에서부터 시작된다. 건축가의 관점에서 미래는 예상하는 것이 아니라 만드는 것이다. 나는 커뮤니티가 가능하다는 입장이다. 그런 공간은 얼마든지 만들 수 있다. 현재 일본의 주택 계획처럼 사람들이 모여 살면서도 각각 고립된(외톨이인) 공간은 아무리 봐도 이상한 공간이다.

주택에서 생활하는 동시에 경제활동을 하는 것, 예를 들면 텃밭에서 재배한 채소로 김치를 담가 판매하거나 허브티를 만들어 판매하는 등의 작은 경제활동은 커뮤니티 활성화에 매우 효과적이다. 주변 사람들에게 받아들여질 수 없다면 경제활동 자체가 불가능하기 때문이다. 경제활동은 주변과의 관계를 전제로 삼는다. 함께 살아가는 사람들의 승인이 필요하다. 함께 살아가는 사람들의 승인, 그것이 커뮤니티의 조건이다.

미래에 이곳에서 상점을 여는 상황을 LH 측이 허락해 줄지는 알 수 없지만 만약 그렇게 된다면 투명한 현관과 서로 마주 보는 공간 배치는 반드시 도움이 될 것이다. 건축 공간은 그런 상황을 유도하는 형태로 만들어져 있다. 또한 커먼 필드에 외부로부터 사람들이 찾아온다면 노인 관련 문제나 고독사 등은 상당 부분 해소될 것이다. 옥상의 텃밭을 멋지게 활용하고 있는 한국의 주민들을 보면 당장이라도 가능할 것처럼 느껴진다.

서울 강남하우징
건축명: 서울 강남하우징 | 위치: 한국 서울특별시 강남구
용도: 집합주택 | 대지 면적: 34,400m² | 건축 면적: 11,097.43m²
연면적: 85,878.18m² | 최고 높이: 43,800mm
설계 기간: 2010. 5.–2011. 11. | 시공 기간: 2011. 12.–2013. 11.
규모: 15층, 지하 1층, 옥탑 1층 | 주 구조: 철근콘크리트벽식조
설계 협력: CH Architekten AG | 구조 설계: 하모니구조 ENG,
구조계획플러스원 | 설비 설계: 승창 E&C, 성문 ENG
시공: 풍림산업

2부   # 제안

나카 도시하루

작은 경제의 건축 공간

식당이 딸린 아파트

1 작은 경제를 지렛대 삼아 열린 생활환경을 만들다

거리와 자연스럽게 연결된 생활환경

식당이 딸린 아파트食堂付きアパート[1]는 작은 경제小さな経済라는 행위에 착안한, 지역사회와 함께 존재하는 집합주택이다. 뒤에서 자세히 설명하겠지만 작은 경제란 개인의 일이나 특기 등을 활용해 타인과 관계를 형성하는 행위를 가리키는 말이다.

식당이 딸린 아파트는 작은 경제와 관련한 용도를 복합하여 다섯 가구의 SOHO 주택[2], 반지하의 공유오피스(여섯 석), 그리고 1층의 식당(열네 석)으로 구성했다.[3] 여기에서 SOHO 주택이란 내부에 작업실이 있는 주택을 가리킨다. 직장과 주거가 일체화된 주택이다.

이렇게 용도를 복합하여 의미 있게 만들기 위해 하드웨어와 함께 소프트웨어 즉, 사용 방법과 유지 관리라는 측면을 고려해 디자인했다. 작업실과 주택을 분리하지 않고 일체화하여 작업 공간으로서도 일상생활을 하는 장소로도 활용할 수 있게 했다. 그런 관점에서 식당이 딸린 아파트는 건축이라기보다 생업을 중심으로 한 생활환경이라는 표현이 더 어울릴지

1──식당이 딸린 아파트는 상점가로 유명한 무사시코야마 지역(도쿄 메구로구, 시나가와구)의 한 모퉁이에 서 있다.
사진: 2014년 9월 촬영

2———각 주택에는 작업실로 사용할 수 있는 스튜디오가 있다.
사진: 2015년 11월 촬영

SOHO 주택

공유오피스

식당

3———작은 경제와 관련 있는
용도들을 복합한 집합주택. 복도가
길에서부터 3층까지 나선 모양으로
이어진다. 용도를 복합하여 다양한
중간 영역을 만들었다.

모른다. 그러니까 라면 가게가 1층에 있는, 예전부터 흔히 보아온 아파트도 셰어하우스도 아니다.

다용도 중간 영역을 만들다

대지는 도쿄도 메구로구 무사시코야마역에서 도보로 5분 정도 걸리는 장소다. 이곳은 상점가로 유명한 거리다. 대지 근처가 목조주택이 밀집해 있는 시가지이기 때문에 최근 도쿄도 메구로구가 도로 폭 확장이나 용적률 완화와 함께 화재에 강한 건물로 신축한다고 하여 거리의 모습이 크게 바뀌고 있다.[4][5] 식당이 딸린 아파트도 노후화된 목조 임대아파트를 신축한 것이다.[6] 대지 자체는 주택가의 입구에 해당하며 도시계획 도면을 보아도 근린상업지역과 제1종 주거지역의 경계에 위치한다. 앞쪽의 도로는 역으로 가는 지름길이라서 시간과 관계없이 많은 사람이 오간다.

　　건축물은 지하 1층, 지상 3층이며 지상 부분은 철골조다. 사선제한을 피하기 위해 SOHO 주택의 볼륨을 줄이면서 3층으로 쌓아 올렸고, 줄어든 영역을 각 주택의 현관 앞 테라스, 공용 복도, 계단으로 구성했다.[7]

4——식당이 딸린 아파트는 주택가 입구에 세워져 있고
전면 도로는 역으로 가는 지름길이라서 많은 사람이 이용한다.
목조주택이 밀집해 있는 시가지에서 화재를 막기 위한
대책으로 도로 폭 확장 공사가 진행되고 있다.

5——도로 폭 확장 공사로 주택들이
계속 안쪽으로 밀려 들어가고 있다.

6——신축 전에는 목조 임대아파트가
있었다.

SOHO 주택 현관 쪽에는 스튜디오라고 부르는 개방적이고 폭이 넓은 공간이 있다.[89] 이곳이 개인의 작은 경제를 위한 장소(작업실)이다. 안으로 들어갈수록 천장은 낮아지면서 개인적인 공간으로 바뀌고 침실, 욕실, 주방이 배치되어 있다. 바꾸어 말하면 사적 공간과 공용 공간의 중간에 스튜디오가 위치해 있는 것이다.[10] 스튜디오 안의 주방은 아래층에 식당이 있어서 폭을 좁게 만들었지만 사무실로 이용할 수도 있다는 가정하에 미니 냉장고가 들어갈 수 있도록 안쪽으로 꽤 깊게 만들었다.

SOHO 주택 전면(복도路地)은 처마가 딸린 외부 공간으로, 몇 가지 특징이 있다. 우선 이 공간은 공용 복도와 현관 앞의 테라스를 일체화하여 양쪽을 물리적으로 차단하지 않았다.[11] 그래서 언뜻 보면 폭 3미터의 복도처럼 보이며 작업실 간판이나 잠시 머물 곳을 꾸미기 위한 가구나 화분 등을 놓을 수 있다.

각 층 복도는 계단으로 연결되어 있고 **13**처럼 거리에서 3층까지 나선형 모양으로 입체적으로 전개된다. 그래서 입체 복도라고 불리며 오르내릴 때마다 주택 전면을 지나게 된다. 입체

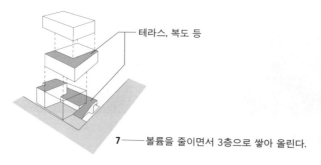

테라스, 복도 등

7—— 볼륨을 줄이면서 3층으로 쌓아 올린다.

복도 중간중간에는 식당이나 세탁실 등 SOHO 주택 거주자들이 사용할 수 있는 공간을 배치했다. 건물 전체를 사용하면서 생활한다는 이미지다.

또 이 복도는 주변과의 관계에 따라 층마다 다른 분위기를 띤다. 1층은 거리에서 그대로 드나드는 이웃 술집과의 사이에 끼어 있는 어슴푸레한 공간, 2층은 이웃의 발코니를 마주 보고 있는 약간 밝은 공간, 3층으로 올라가면 하늘을 바라보는 시야가 넓어지면서 이웃의 지붕을 내려다볼 수 있는 공간이다.[12] 복도가 나선형이기 때문에 이런 변화를 자연스럽게 느끼면서 이동할 수 있다. 입체 복도는 식당이 딸린 아파트이기에 가능한 공간이다.

식당은 복도가 시작하는 지점에 있으며 거리와 아파트 양쪽에서 출입할 수 있다. 그래서 출입구가 두 개다. 거리를 향한 쪽은 카운터가 있는 공간이고 아파트를 향한 쪽은 커다란 테이블이 놓인 안정적인 공간으로, 바닥이 1미터 정도 올라가 있다.[14]

셰프는 거리를 지켜보는 듯한 모습으로 주방에 서서 일하는데, 식당 입구를 유리문으로 마감하여 음식을 준비하는 시

8——침실에서 스튜디오가 보인다.

9———SOHO 주택의 스튜디오(작업실)
사진: 2014년 3월 촬영

복도路地
간판을 두거나
기분 전환을 위한
공간으로
만들 수 있다.

스튜디오
스튜디오는 공간이
넓어 자유롭게
배치할 수 있다.

사적인 공간
안쪽에 배치했다.
외부에 면해 있고 밝다.
스튜디오와 문으로
분리되어 있다.

10———SOHO 주택 평면도
S=1/150

11 ——— 주택 앞 공간은 공용 복도와 각 주택의 현관 앞 테라스를
일체화시킨 공간이다. 사진: 2017년 5월 촬영

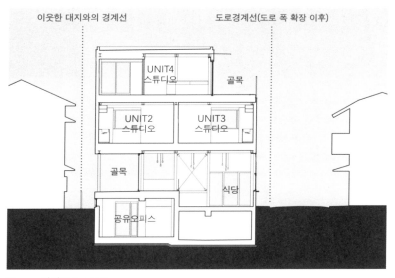

12 ——— 단면도 S=1/200

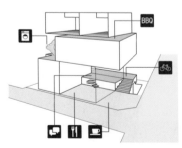

13——입체 복도

14 ─── 식당은 거리와 아파트의 중간 영역이다.
그래서 출입구가 두 개이고 바닥의 높이도 다르다.
사진: 초대 셰프의 모습, 2015년 3월 촬영

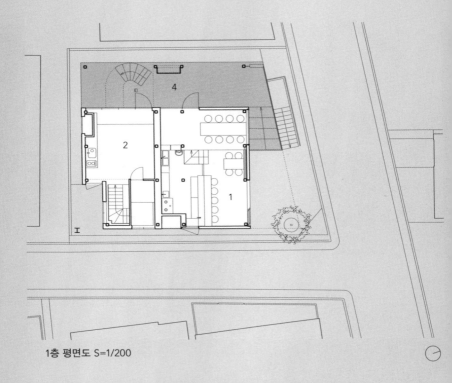

1층 평면도 S=1/200

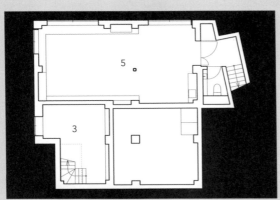

1. 식당
2. 스튜디오
3. 침실
4. 복도
5. 공유오피스

지하 1층 평면도 S=1/200

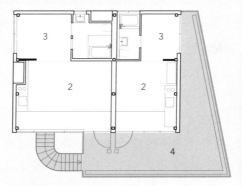

3층 평면도 S=1/200

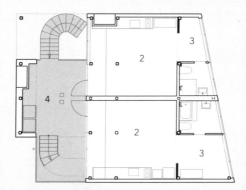

2층 평면도 S=1/200

간에도 거리에서 셰프를 쉽게 볼 수 있다. 열 평에 지나지 않는 매우 작은 식당이지만, 그 덕분에 부담 없이 운영할 수 있고 초대 셰프 때는 요리를 좋아하는 지역 주민이 메인 셰프를 담당하는 구조를 채택했다.[15]

중요한 점은 용도를 복합하는 것 자체가 목적이 아니라, 작은 경제에 착안하여 공간과 감각이 외부로 향하는 점을 이용하면서 스튜디오나 식당 같은 중간 영역을 만든다는 것이다. 스튜디오는 주택과 외부의 중간에 해당하고, 식당은 아파트와 거리의 중간에 해당한다.[16] 안과 밖, 순서의 경계를 완화하여 서로 침투할 수 있는 중간 영역(야마모토 리켄이 말하는 "시키이")을 여기저기에 만든 것이다.

소프트웨어의 디자인: 상부상조하는 관계를 맺는다

이처럼 하드웨어를 디자인하는 한편으로 식당과 SOHO 주택, 공유오피스가 상부상조할 수 있는 운영상의 구조를 디자인했다.

운영에 관한 다이어그램[17]을 보자. 예를 들어 SOHO 주택의 주민이나 공유오피스 이용자는 식당을 넓은 회의 공간으

15——초대 셰프가 2015년 말에
독립하면서 2대 셰프로 교체되었다.
새로운 체제 아래에서 앞으로의
운영 방법을 모색하고 있다.

로 사용할 수 있다.(또 맛있는 커피를 마실 수 있다.) 식당 운영자는 쉬는 시간에 어느 정도 수익을 올릴 수 있고, 식당 안에 사람들이 있으면 좋은 인상을 심어줄 수 있으므로 도움이 된다.

또 건물 현관에 셰프가 상주하고 있어서 유지하고 관리하는 데 장점이 있다. 셰프는 식당 앞을 반드시 청소한다. 지저분한 식당에는 당연히 고객이 오지 않으니까. 식당 앞 청소는 아파트 청소이기도 하다. 또, 만약 주민이 부재중일 때 택배가 온다면 셰프가 대신 받아줄 수 있다. 밤늦게까지 영업한다면 주민이 귀가하며 식당에서 찾아가면 된다. 수상한 사람이 아파트로 들어오지 못하도록 방지하는 효과도 있다. 또 식당 화장실은 공유오피스와 공용으로 사용하기 때문에 셰프가 화장실 청소를 해준다면 공유오피스 운영자에게는 큰 도움이 된다.

대충 열거해 보는 것만으로도 셰프의 존재가 가져다주는 효과는 이렇게 많다.

16 ——— 중간 영역의 다이어그램

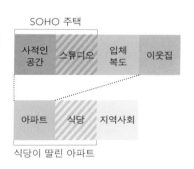

식당이 딸린 아파트

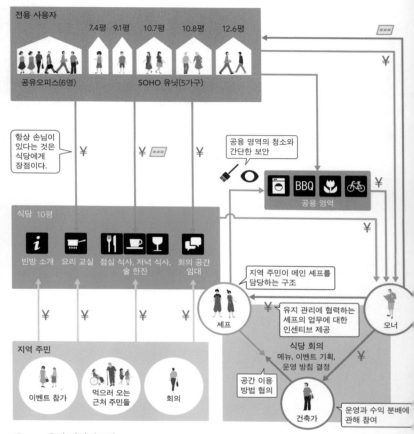

전용 사용자

7.4평 9.1평 10.7평 10.8평 12.6평

공유오피스(6명)　　　SOHO 유닛(5가구)

항상 손님이 있다는 것은 식당에게 장점이다.

공용 영역의 청소와 간단한 보안

BBQ

공용 영역

식당 10평

빈방 소개　요리 교실　점심 식사, 저녁 식사, 술 한잔　회의 공간 임대

지역 주민

이벤트 참가　먹으러 오는 근처 주민들　회의

지역 주민이 메인 셰프를 담당하는 구조

셰프

유지 관리에 협력하는 셰프의 업무에 대한 인센티브 제공

오너

식당 회의
메뉴, 이벤트 기획, 운영 방침 결정

공간 이용 방법 협의

건축가

운영과 수익 분배에 관해 참여

17——운영 다이어그램

작은 경제와 관련된 용도를 복합하여 의미 있는 것으로
만들기 위해 소프트웨어 디자인도 실행했다. 식당은
단순한 세입자의 공간도 거주자 전용 공간도 아니다.
하드웨어의 디자인과 마찬가지로 식당은 거리와
아파트의 중간으로서 자리매김한다. 오너(클라이언트),
건축가, 셰프가 참가하는 식당 회의는 유지 관리에
중요한 활동이다.

2 설계 과정

무엇을 만들 것인지 생각하면서 설계한다

신기하게도 준공되어 버리면 알기 어려운 일이지만, 이런 복합적인 건축은 처음부터 명료한 목적을 세우고 진행했던 것은 아니다. 이런저런 모색을 하는 과정에서 결과적으로 이렇게 조립되었다는 것이 솔직한 표현이다. 다만 일관적이었던 점은 이곳의 지역성을 관찰하며 직장과 생활이 혼재하는 생활 스타일이나 지역 안에서 순환하는 생업의 효과에 착안했다는 것이다. 그러나 거주전용주택으로 이루어진 집합주택이 아니라는 데에서 기인하는 어려움도 있었다. 그렇다면 일련의 설계 과정은 어쩌면 기존의 틀을 뛰어넘는 운동이었다고 말할 수 있을지 모른다. 이 운동은 거주전용주택에 대한 비판을 내포하고 있다. 그래서 식당이 딸린 아파트 설계 과정을 간단히 돌아보려 한다.

클라이언트는 이 지역에 사는 아버지와 아들로, 아버지는 상점가의 전 회장이고 아들은 이곳에서 나고 자라 벤처기업을 운영하면서 계속 이 지역에 살고 있다.

그들의 요구는 지역에 도움이 되는 아파트를 짓고 싶다는 것이었다. 사업성은 당연히 중요하지만[18] 무언가 새로운 시도를 기대한다고 했다. 나이가 지긋한 전 회장의 입에서는 셰어하우스라는 말까지 나왔다. 처음에는 클라이언트의 사소한 지역 사랑에서 나온 요구라고 생각했지만, 이야기를 들으며 좀 더 깊은 동기가 있다는 사실을 깨달았다.

첫째로는 목조 밀집 시가지 대책 사업으로 지역이 바뀌어 가고 있는 상황에서 이 프로젝트는 옛 주민과 현 주민을 위한 '마을 만들기'라는 것. 둘째는 상점가의 일원으로 활동해 온 자신의 경험을 통해 얻은, 이곳에 사는 각자가 '창조하고 발신하는 것'이 중요하다는 신념이었다.

식사의 가능성

마을 만들기, 창조와 발신을 키워드로 삼아 제시한 첫 제안은 일곱 개였다.[19] [20] 그중에서 커뮤니티 카페를 갖춘다는 제안과 테라스에서 각 주택으로 접근할 수 있다는 제안을 선택했다. 그리고 주택을 셰어하우스로 만들 것인가 아니면 각각 독립적으로 만들 것인가 하는 문제와 커뮤니티 카페를 비롯한 각

18——애당초 빈집이 다수 존재했던 시대에 원룸을 짓는 일이야말로 사업성을 무시한 행위다.

19——중간 과정의 검토안

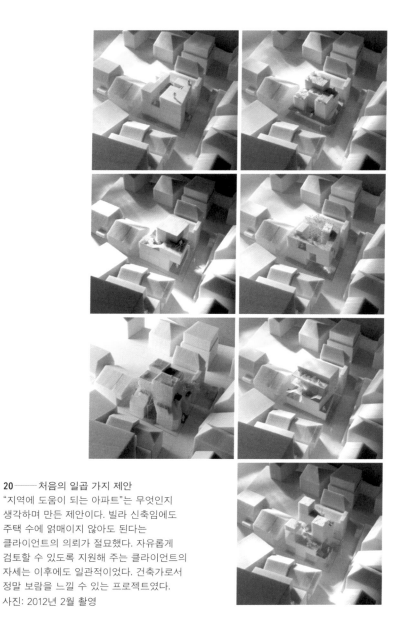

20────처음의 일곱 가지 제안
"지역에 도움이 되는 아파트"는 무엇인지
생각하며 만든 제안이다. 빌라 신축임에도
주택 수에 얽매이지 않아도 된다는
클라이언트의 의뢰가 절묘했다. 자유롭게
검토할 수 있도록 지원해 주는 클라이언트의
자세는 이후에도 일관적이었다. 건축가로서
정말 보람을 느낄 수 있는 프로젝트였다.
사진: 2012년 2월 촬영

공간의 크기를 검토했다.

최종적으로 커뮤니티 카페로는 식당이, 주택으로는 독립적인 SOHO 유닛이 선택되었다. 젊은 세대의 창의적인 연구가 거리를 즐거움으로 채우는 효과를 기대하며 창업 지원을 목적으로 삼은 집합주택을 짓게 되었다. 카페 또는 식당에 착안한 이유는 사람이나 지역을 연결하는 매개로서 '식사'가 적합하다고 생각했기 때문이다.

이는 지역사회권연구회에서 얻은 지식이다. 이 연구에서도 역시 식사에 착안하여 음식점 겸 공유주방이라는 업태를 구상했다. 단 이때는 다세대가 관계할 수 있다는 정도의 인식만 있었다.

한편 개인적인 경험도 영향을 끼쳤다. 베트남의 한적한 마을에서 본 광경이다. 음식점에서 늦은 식사를 하고 있을 때 아주머니 세 명이 식재료를 안고 아이들과 함께 들어오더니 주방에서 요리를 하기 시작했다. 베트남어는 잘 모르지만 대충 이해할 수 있었다. 마을에는 인프라가 제대로 갖추어져 있지 않았고, 귀중한 가스 화로 몇 대를 마을에서 공동으로 사용하고 있는 듯했다. 설비는 매우 빈약했지만[21] 그 광경은 매우 풍

21──베트남 식당의 주방

요로웠다. 식사와 관련된 모든 것, 즉 식재료, 조리, 식사에서 사람과 사람을 연결하고 지역사회를 지탱해 줄 가능성을 발견한 경험이었다.

식당이 있으면 기뻐할 거주자는?

주택은 식당을 전제로 구체적으로 구상했다. 앞에서 설명했듯 주택은 창조하고 발신하는 장소여야 했다. 하지만 그것만으로는 지나치게 추상적이어서 건축이 되지 않는다. 그래서 식당이 있으면 좋아할 거주자는 누구인지, 어떤 생활을 생각해 볼 수 있는지 구체적으로 검토한 결과 직장과 생활이 일체화된 SOHO 주택이 떠올랐다.

　이것도 창업이라는 개인적인 경험에서 나온 아이디어다. 건축가로서 독립한 직후의 나 자신을 돌이켜 보면 경제적인 이유로 한동안은 주거 공간과 작업실을 겸용해야 했다. 그런 중에 알루미늄섀시 회사의 영업 담당자가 찾아왔다. 일단 다다미방을 작업실로 사용하고 있다는 것이 창피했다. 영업하는 분이 신발을 벗고 올라와 무릎을 꿇고 앉아 카탈로그를 설명하는 상황이 왠지 모르게 쑥스러웠다. 작업실은 외부와 관

계가 있는 이상 당연히 개방적이어야 한다는 사실을 뼈저리
게 느꼈다.

만약 1층에 있는 식당을 비어 있는 시간대만이라도 자택
사무실처럼 사용할 수 있다면 얼마나 좋을까. 이런 개인적인
경험에서 작업실을 겸한 주택과 비어 있는 시간을 활용할 수
있는 식당이라는 공간 구성 및 구조를 만든 것이다.[22] SOHO
를 전제로 주택을 구상하자 세탁기, 냉장고와 함께 복사기와
책상은 어디에 놓을 것인가 하는 등의 참신한 과제가 떠올랐
고, 즐거운 마음으로 검토를 되풀이했다.

3 식당이 딸린 아파트의 현재

전시장 같은 가구 디자이너의 SOHO 주택

이 원고를 쓰고 있는 시점에서 식당이 딸린 아파트는 준공된
지 3년 반이 지났다. 창업을 지원한다는 성격상 '신진대사'가
활발히 이루어져 SOHO로 이용했던 주민 중에는 그동안 사
업을 확장하여 이주한 사람도 있고, 초대 셰프는 독립해서 밭

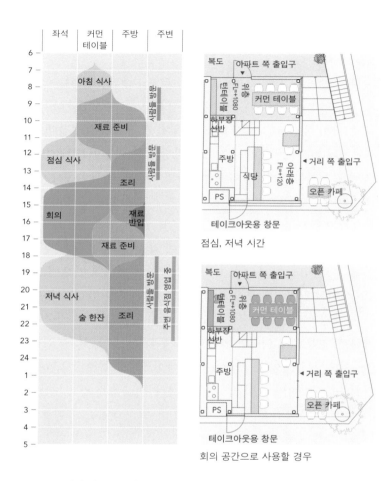

22———설계 당시 식당의 비어 있는 시간대를
공유한 검토 자료

근처에 아틀리에를 마련했다. 현재 상황을 간단히 스케치하면 다음과 같다.

2017년 5월, 개인 작업실도 겸하는 SOHO 주택은 가끔 재택근무를 하는 식의 사용 방법을 포함해서 세 가구가 있다. 이런 주택에서는 낮에도 창 너머로 사람들의 기척이 전해진다.[23] 직원이나 아르바이트생이 찾아와 식당 옆에 자전거를 세워놓고 위로 올라간다. 복도에는 작업 중인 화려한 목제 가구 같은 물건들이 쌓여 있거나 도착한 지 얼마 지나지 않은 다양한 재료가 놓여 있다.

11호실은 가구 디자이너가 입주해 있는데, 이 사람의 생활이 정말 멋지다. 이 주택은 1층 복도 안쪽에 위치해 있으며 침실이 지하에 있는 복층 구조이기 때문에 복도를 면한 스튜디오는 개방하기 쉽도록 설계되었다. 스튜디오 중앙에 커다란 카운터가 있고 그 아래에는 여러 가지 샘플을 수납할 수 있는 기능적인 작업실이다. 가구에 어울리는 조명을 독자적으로 추가했는데, 역시 가구 디자이너답게 사용하고 있다.[24]

23——복도에서는 스튜디오에서 일하는 모습을 볼 수 있다.
사진: 2017년 5월 촬영

출세운을 만든다? 3층의 SOHO 주택

3층에 있는 31호실은 SOHO 주택 다섯 개 중에서 가장 넓고 인기가 좋다. 인기가 좋을 뿐 아니라 여기에 입주하면 출세운이 따르는 듯하다. 초대 셰프도, 그다음에 입주한 웹 디자이너도 이곳을 작업실 겸 주택으로 사용했는데 사업이 잘 풀려 더 좋은 곳으로 이주했다. 이번에 사회적 기업가가 입주했다는 말을 듣고 방문한 날에는 마침 회의가 열리고 있었다.[25] SOHO 주택 전면을 지나 계단을 올라가면 서서히 들려오는 부드러운 대화는 번화가 골목을 걷는 듯한 기분을 느끼게 했다.

공용 세탁실은 모두 함께 사용한다

복도에서는 주말에 아침 식사를 하거나 그 앞을 지나가는 다른 주민들과 이런저런 대화를 나눈다. 접근하는 길이 나선형으로 배치된 특이한 형태지만 거주자의 약 절반이 셰어하우스 경험자라서 그런지, 타인이 집 앞을 지나간다거나 건물 전체를 사용해서 생활한다는 상황을 매우 자연스럽게 받아들이고 있다.

24——SOHO 주택 11호실
사진: 2017년 5월 촬영

25——SOHO 주택 31호실
사진: 2017년 5월 촬영

2층 복도 한 모퉁이에는 공용 세탁실이 있다.[26] 세탁기는 두 대가 놓여 있다. 준공 당시에는 한 대였지만 즉시 증설해야 했다. 주택 안에도 당연히 세탁기를 놓을 수 있지만, 주민들 전원이 이 공용 세탁기를 사용했기 때문이다. 방을 크게 사용하고 싶다거나 사무실로 이용하기 위해 복사기를 놓아야 한다는 등의 이유가 있었지만 셰어하우스를 거쳐 이곳에서 생활하게 된 사람들은 애당초 세탁기를 가지고 있지 않다는 점도 간과할 수 없었다. 동시에 세탁실은 일상적인 커뮤니케이션을 주고받는 장소로도 활용돼 오고 있다.

예전부터 식당이 있었던 것처럼

초대 셰프 때는 늦은 밤까지 영업했는데, 그래서 식당에서는 거주자들이 귀가하는 길에 셰프와 대화를 나누거나 식사를 하거나 아침에 부탁했던 빵을 받아 가는 광경을 볼 수 있었다. 마치 이미 오래전부터 그곳에 있었던 것처럼, 그야말로 자연스럽게 사용되고 있었다. 거주자들이 집을 비웠을 때는 셰프가 대신 택배를 받아주기도 했다.

가구 디자이너가 회의하는 모습을 들여다보자. 지하의 공

26──── 공용 세탁실 공간
사진: 2014년 6월 촬영

27-1──── 식당에서 회의하는 모습

유오피스를 이용하는 건축가와의 상담이다. 식당이 딸린 아파트 안에서의 협력은 오너도 바라는 바라서 입주자를 모집할 때는 면접을 본다.[27]

마르셰가 열리는 날은 작은 가게가 많아

17에서 제시했듯, 오너, 초대 셰프, 건축가 등 세 사람이 "식당회의"라는 이름으로 회의를 해왔다. 한 달에 한 번, 실적 확인이나 이벤트 기획 등에 관해 이야기를 나눈다. 여기서 건축가의 역할은 일종의 종합 관리다. 비품을 선정하거나 이벤트를 할 때 공간을 사용하는 방법 등에 관해 조언하거나 식당에서 이벤트를 기획하는 등의 일을 한다.[28]

그런 이유로 초대 셰프 때는 한 달에 한 번 꼴로 마르셰 marché가 펼쳐졌다.[29] 장소는 식당 앞, 지붕이 딸린 오픈 카페다. 식당에서 사용하는 채소와 직접 만든 음식도 판매했다. 식당과 관계있는 사람이나 주변에 사는 주민들도 작은 가게를 열었다. 독일에서 들여온 빵을 파는 사람, 관엽식물을 파는 사람, 식기를 파는 사람 등. 그중에서도 소금에 여러 가지 향미료를 섞어 계량 판매하는 사람은 인기가 매우 좋아서 늘 사람들

◀ **27·2** ── 카운터는 일부러 낮게 만들어 셰프가 일하는 모습을 볼 수 있게 했다.

27·3 ── 유기농 채소를 사용한 런치 플레이트 사진: 2015년 3월 촬영

28 ── 겨울에도 오픈 카페를 사용할 수 있도록 오너와 필자(건축가)가 테이블에 고타쓰(숯불이나 전기 등의 열원 위에 틀을 놓고 그 위로 이불을 덮은 난방 기구 ─옮긴이)를 설치한 적도 있다.

이 북적거렸다. 같은 지역에 사는 주민이라는 점도 있고 진귀한 물건치고는 가격이 싸다는 점 때문인 듯하다.

또 마르셰가 열릴 때는 SOHO 주택에 사는 주민들이 커피숍을 열기도 했다. 들자니 맛있는 커피를 좋아해서 커피숍을 해보고 싶었다는 것이다. 마르셰를 대비해 주택 앞 골목에 가판대를 만들고 당일에 친구와 둘이서 커피를 판매했다.

이런 마르셰가 열릴 때는 식당이 딸린 아파트 앞이 주변의 기존 주민들과 이곳의 새로운 주민들이 서로 어울려 즐거운 시간을 보내는 공간으로 변한다.

친목회에서 펼쳐지는 작전 회의

3층 복도나 식당에서 1년에 몇 차례 거주자끼리 친목회가 열린다.[30] 새로운 입주자 환영회를 겸해서 다음 마르셰에는 무엇을 할지, 식당 메뉴에 주민들이 더 원하는 것은 없는지, 자신들의 생활환경과 관련 있는 사항에 관해서도 서로 논의를 펼친다. 실제로 2대 셰프에게 야간 영업을 해달라는 편지도 들어온다고 한다.

2017년 여름에는 친목회에서 나눈 이야기가 계기가 되어

29-1

29-2

거주자들이 내놓을 물건들을 분담하고 지역 주민과 함께 어울리는 형식으로 재를 올리는 이벤트도 했다.

보다, 알다, 먹다

초대 셰프 때는 "보다, 알다, 먹다"라는 제목의 이벤트를 두 차례 개최했다.[31] 식당 회의의 멤버 세 명이 기획한 이벤트다. "보다"는 건축의 견학, "알다"는 식사와 건축에 관한 토론, "먹다"는 참가자 전원의 식사 모임을 의미한다. 초대 셰프인 엔도 지에 씨가 이 이름을 붙였다. 참가하는 인원수는 스무 명. 식당이 딸린 아파트에서의 생활을 서로 간접 체험한 뒤에 각자 바라는 생활이나 주택에 관한 이야기를 나누었다. 매회 3시간이 눈 깜박할 사이에 지나가 버릴 정도로 활발한 의견들이 오가는 이벤트였다.

공유오피스의 진열 선반

지하 1층, 실제로는 반지하인데 여기에 공유오피스가 있다.[32] 이 건축물에서 SOHO 주택, 식당과 나란히 매우 중요한 영역이다. 40m² 정도의 공간 안에 주방과 작은 회의 공간을 만들

29·1——마르셰가 열린 모습
사진: 2014년 9월 촬영
29·2——마르셰가 열릴 땐
근처 주민이 가게를 열기도 한다.
사진: 2014년 9월 촬영
30——주민들의 친목회
사진: 2016년 7월 촬영

30

31·1──'보다, 알다, 먹다'에서는 SOHO 주택의 내부도 견학하게 했다.
사진: 2014년 11월 촬영

31·2──견학한 뒤에 식당에서 셰프의 설명을 들으며 식사하는 모습
사진: 2014년 11월 촬영

32-1──테이블을 주변의 선반 가까이 붙여 개인 부스 같은 느낌을 주었다.
사진: 2017년 5월 촬영

32-2──공유오피스 입구에 설치된 진열대
사진: 2017년 5월 촬영

고 남은 공간에 여섯 명분의 책상을 배치하고 개별적으로 대여해 주었다.

이용자 대부분은 근처 주민으로, 자전거와 관련된 잡지의 기고가, 건축가, 재단사 등이다. 자택 이외에 집중할 수 있는 장소를 찾아 이곳을 대여하는 사람도 있다.

준공 당시에는 섬처럼 책상을 가운데에 배치했지만 이용자가 바뀌면서 벽면 수납장에 책상이 딸린 것처럼 배치하는 식으로 변경했다. 개인 부스 같은 느낌을 주기 위해서다. 또 재단사의 진열대가 신설되었는데 이것이 꽤 인기가 많다. 깨끗하고 산뜻한 느낌을 줄 뿐 아니라 계절마다 새로운 상품이 진열되면서 반지하 공간에 외부로 개방된 분위기가 넘쳐났다.

이곳은 오너가 DIY로 꾸몄는데, 공유오피스를 이용하는 사람 중 한 명인 건축가가 설계도를 그렸다. 작은 공간이라서 느낄 수 있는 따뜻하고 온화한 분위기가 있다.

33──《일본경제신문》 2017년 12월 9일 자 기사에 따르면 부업을 제외한 프리랜서는 2017년에 700만 명 정도라고 한다. 총무성 「노동력조사연보 2016년」에 따르면 노동자 수가 6,600만 명이니까 약 10퍼센트가 프리랜서라는 말이 된다.

34──일일 셰프 사진: 2014년 11월 촬영

4 작은 경제

작은 경제란
이제 지금까지 여러 번 거론했던 "작은 경제"에 관해 설명해 보기로 한다. 작은 경제란 개인의 일, 특히 취미 등을 통해 타인과 교류하는 행위를 가리킨다. 생계를 유지하기 위한 생업으로서의 경제활동은 물론이고 특기나 취미가 깊어져 부업처럼 하는 개인 활동도 포함된다. 정량적 연구가 이루어졌는지는 알 수 없지만 적어도 이런 활동이 증가하고 있는 경향은 분명해 보인다.[33]

예를 들어 최근에 설계한 주택의 클라이언트는 부인이 원래 대학 시절에 피아노를 전공했는데 자녀 양육이 끝나자 피아노 교실을 열고 싶다고 하여 공간이 필요하게 되었다. 우리 사무실의 고문 회계사는 부업으로 아카사카에서 한 달에 한 번 바를 운영했는데, 그는 식당이 딸린 아파트에서도 일일 셰프로 식당을 운영해 주었다. 특별히 고객을 모을 필요도 없었다. 페이스북으로 소식을 알리자 이 일일 셰프의 다양한 지인이 모여 즉석 커뮤니티가 완성되었다.[34]

35-1

35-2

세상을 둘러보면 작은 경제에 해당하는 사례가 정말 많다는 사실을 깨달을 수 있다. 그런 사례는 주택에 작은 가게나 사무실이 딸려 있는 형태가 많다.[35] 주택 주변은 깨끗하게 정돈되어 있고 방문하는 사람들이 드나든다. 생활공간, 가게, 사무실은 다양한 방법으로 구분되지만 이 장소들이 복합되어 발생하는 재미있는 장치도 여러 가지다. 그리고 주목해야 할 점은 개인의 즐거움을 수반하는 소규모 생업이 지역의 교류를 낳는다는 점이다.

큰 벌이가 될 수는 없을지 모르지만 자기만족이나 친밀감을 느낄 수 있는 인간관계가 보존되는 형태의 "작은 경제" 활동이다. 원래 보유하던 기술을 활용하거나 취미나 특기가 깊어져 세프와 같은 기술자로 발전하거나, 경위는 여러 가지이지만 이런 기술을 나름대로 금전이나 타인의 기술과 서로 교환한다. 어떤 형태로든 교환을 전제하고 있기에 나름대로 지속성도 있다. 낯익은 사람이라는 사실이 안겨주는 안도감과 편안함도 중요하다. 미래학자인 앨빈 토플러는 『제3의 물결』에서 "생산 소비자"라는 개념을 제시했는데, 인터넷이 주체가 되는 정보 기술의 발전과 침투력은 취미나 특기를 가볍게 공유

35·3

35·1 ── 사례 1: 주택 겸 치즈케이크 가게
주택가 안에 있으며, 아는 사람만 아는
이 가게의 벽은 다양한 장식으로 꾸며져 있고
가게 앞은 늘 깨끗하게 청소되어 있다.

35·2 ── 사례 2: 드래건 코트 빌리지
각 주택에 별채가 있는 집합주택. 별채는
채소 가게나 네일숍 등으로 사용되고 있다.
설계: 유레카

하면서 기술을 향상하거나 다품종소량생산을 가능하게 했다.

시설로서의 전용주택

작은 경제의 사례로 주택에 가게나 사무실이 딸린 경우가 눈에 띄는데, 그렇다면 주택 공급의 현실적인 상황은 어떨까?

거의 모든 주택은 거주전용주택, 약칭하여 전용주택이다. 전용주택이란 핵가족의 먹고 자는 생활을 위한 주택이다. 생업을 위한 공간, 즉 생산이나 교환, 그리고 그에 따른 교류를 위한 장소가 없으며 핵가족이 모든 것을 스스로 판단하고 결정하는 공간이다. 그래서 전용주택은 외부에 대해 자립적이고 폐쇄적으로 만들어진다.

반면 상가주택[36]이라는 분류가 있는데 생업을 위한 공간, 예를 들면 작업실이나 가게가 딸린 주택을 가리킨다. 생업은 외부와의 교류를 전제하기 때문에 외부에 친화적인 공간이다. 앞에서 소개한 작은 경제를 위한 공간을 갖춘 주택의 예는 모두 이 상가주택에 해당한다.

총무성 통계국의 「2013년 주택·토지 통계조사결과」를 살펴보면 전국의 주택 중에서 전용주택은 약 98퍼센트를 차지

35·3──── 사례 3: 하야시·도미타 주택
주택에 카페와 빵집이 딸려 있고
정원의 나무들이 도로로 넘쳐흐른다.
설계: 보수 전_세키스이화학공업(주)/
보수 후_하야시 야스요시+미야타
레이코+하야시 노리코+하야시 나유타

36──── 건축기준법에서는
복합주택이라고 표현한다.

하고 상가주택은 불과 2퍼센트에 지나지 않는다. 법제 측면에서도 대표적으로 용도 규제나 이종용도구획(건축기준법시행령 제112조 제12항, 제13항에 규정된 방화구획의 일종—옮긴이)으로 제한하듯, 주택에 다른 용도가 복합되는 것은 신중하게 대처해야 할 사항으로 여겨져 장려하지 않는다.

중요한 점은 전용주택은 사회가 근대화하는 과정에서 만들어진 '시설'이라는 것이다. 여기에서 시설이란 사회적인 목적에 따라 만들어지는 정형적인 건축을 의미한다. 병원이나 학교를 상상하면 이해하기 쉬운데, 시설에서는 어떠한 특정 목적을 위해 몇 가지 단위 공간을 가정하고, 일 처리 효율성이 좋아지도록 배열한다. 공간들의 경계는 매우 엄격하며 다이어그램의 짙고 굵은 선이 그대로 실체화된 듯한 느낌이다. 즉 시설은 관리라는 사상을 기반으로 만들어진, 특정 목적을 위한 기능적 건축이며 개인의 활동은 이러한 전제 목적에 따라 일정한 가정 범위 안에 머무른다. 건축이 인간의 활동을 어느 정도 제약한다는 것은 어쩔 수 없는 숙명이지만 어떤 제약인가에 대해서는 끊임없이 의식하고 개선해야 한다.

산업혁명 이후 산업의 노동 집약성을 높이기 위해 공장이

37―― 노동자의 생활환경
사진: 『도시의 세계사都市の世界史』

나 사무용 건물 등이 발명되었다. 그와 동시에 노동이 분리된 전용주택도 출현했다.

초기에는 도시 안에 공장이 위치했고, 노동자는 상당히 열악한 환경에서 살아야 했다.[37] 전염병 등으로 인구가 감소하면 생산력이 떨어지기 때문에 두 가지의 건축적 도시적 발명이 이루어졌다. 교외의 전원도시[38]와 도시 내부의 집합주택이다. 이 주택들에서는 핵가족을 위한 완벽한 채광과 통풍이 중시되었다. 도시는 주택을 위한 공간과 산업을 위한 공간의 합으로 설정되었고, 그 사이를 왕복하는 출퇴근이 발생했다.

여기에서 중요한 점은 전원도시이건 집합주택이건 입지의 차이는 있지만 그곳에서 공급한 주택 대부분은 전용주택이었다는 사실이다. 왜 그럴까. 이는 핵가족이 사회를 구성하는 자립적인 최소 단위로서 자리매김했기 때문이다. 핵가족이 제 자신의 책임하에서 생활하고 또 재생산하는 장소로서 전용주택이 구상된 것이다. 근대국가는 인구가 '국력'을 좌우한다고 여겼는데, 핵가족화가 인구를 늘릴 수 있는 주요한 수단이라고 생각했다. 그런 한편으로는 대가족이 나뉘어 핵가족화되고 세대 수가 증가하면서 단순히 소비도 확대된다는 전망이 있었

38──영국의 전원도시 레치워스

을 테다. 즉 핵가족과 그들의 주거지인 전용주택의 공급은 근
대국가에서 정치적 경제적으로 중요한 정책이었다.

제도와 시설의 공진

엘리먼트element라는 말이 있다. 건축을 구성하는 부위를 가리
키는 말로, 몇 가지 건자재로 구성된다.

시설로서 공급된 전용주택에 발맞추듯, 다양한 공업 제품
의 엘리먼트가 주택 영역별로 나뉘어 개발되었다. 예를 들면
주방 공간이나 새시 등을 과학적으로 분석한 후 공업화 기술
을 사용해 대량생산했다. 이러한 지속적인 성능 향상의 전제
는 표준화였다.[39]

1929년 오스트리아 건축가 마르가레테 쉬테리호츠키가
뢰머슈타트 단지를 위해 개발한 프랑크푸르트 키친[40]은 주방
산업의 선구자적 존재다. 제1차 세계대전에서 패전한 독일은
심각한 재정난 속에서 대량의 임대집합주택을 건설해야 했는
데, 건설 비용과 바닥 면적을 줄이기 위해 아담한 주방을 개
발했다. 한편 리호츠키의 말처럼 가사 노동에서 느끼는 주부
의 부담을 줄인다는 관점에서 만들어진 주방이기도 하다.[41]

39──프랑스의 위니테 다비타시옹 마르세유

40──프랑크푸르트 키친

현재의 시스템키친도 사고방식은 같다. 카탈로그를 펼치면 90년 전과 거의 비슷한 내용이 쓰여 있다. 작업 동선을 얼마나 줄이고 한정된 크기 안에 얼마나 많은 물건을 수납할 수 있으며, 결과적으로 가사 노동 시간을 얼마나 줄일 수 있는가 하는 내용을 설명한다. 밝은 곳에서 요리를 한다거나 가족이나 친구들과 함께 조리를 하는, 그런 즐거운 요리 장면이 아니다. 핵가족 안에서 성별에 따른 분업이 촉진되고, 주방은 주부를 위한 다양한 아이디어가 투입되는 엘리먼트가 되었다. 이는 핵가족화와 전업주부라는 제도가 건축을 통해 강화되어 가는 과정이었다.

창문이나 출입구는 어떨까. 어떤 주택이건 창문과 출입구가 있는데, 이를 구성하는 엘리먼트를 새시라고 한다. 주택의 새시 대부분은 알루미늄제로, 틀의 두께는 70밀리미터나 100밀리미터다.[42] 현관문은 강철로 만들어진 것도 있지만 두께는 거의 비슷하다. 개구부에 요구되는 기능이나 역할 중에서 새시는 차폐 기능을 중심으로 개발되었다. 얼마나 얇은 새시로 (70밀리미터나 100밀리미터라는 두께로) 단열성, 방음성, 수밀성, 기밀성을 향상시키는가 하는 것이 관건이었다. 차폐를 중

41───"전업주부의 일을 체계화하는 문제는 모든 사회계층에서 똑같이 중요하다. The problem of organizing the daily work of the housewife in a systematic manner is equally important for all classes of society."

42───기업 카탈로그에 소개된 알루미늄 새시의 단면

시하는 이유는 시설로서의 전용주택은 폐쇄성을 추구하기 때문이다.

한편 과거로 거슬러 올라가 보면 일본의 주택은 원래 창호를 몇 겹이나 겹쳐 쌓았다. 장지문 등 창호 하나하나는 현재의 알루미늄섀시와 비교하면 매우 약하지만 층층 사이에 툇마루나 가게라는 공간을 발달시켜 외부나 사회와의 거리감이 다양한 건축을 만들었다. 또 보이지는 않지만 소리는 들리는, 선택적인 투과성을 가능하게 했다.

43은 이런 차이를 나타낸 다이어그램이다. 전용주택은 외부가 필요 없다. 그래서 개구부에는 외부 세계를 얼마나 효율성 있게 차단할 수 있는지만이 요구된다. 그리고 이렇게 해서 만들어진 전용주택에 익숙해지면 외부와의 교류라는 개념 그 자체가 사라져 버린다.

주방과 섀시를 예로 들어 설명했는데, 이런 엘리먼트는 전용주택이라는 시설에 요구되는 성능을 향상하기 위해 개발되었고 실제로 설치되어 왔다. 그리고 이런 엘리먼트의 '진화'는 전용주택의 자립성과 폐쇄성을 강화하는 데에 일조했다. 제도와 시설의 공진共振이라고 말할 수 있다. 제도가 시설로서의

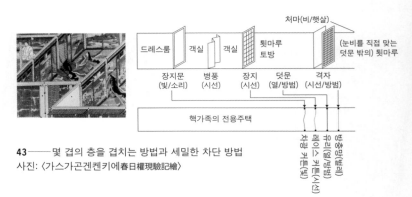

43──── 몇 겹의 층을 겹치는 방법과 세밀한 차단 방법
사진: 〈가스가곤겐켄키에春日權現驗記繪〉

주택을 요구하고 그 제작 방식으로써 제도가 더욱 강화되는, 그런 운동이다.

작은 경제의 가능성

전용주택이라는 건축은 산업혁명 이후의 생활 시설이다. 전용주택은 경제성장이라는 지표 위에서 그 역할을 다해왔지만, 한편으로는 핵가족이 자립적 폐쇄적으로 생활하는 라이프스타일을 확장시켜 왔다.

그러나 최근 커다란 변화가 나타나고 있다. 가족의 규모는 더욱 작아졌고 1인 가구가 주류를 이루게 된 것이다. 그렇다면 그전에 가족이 담당했던 역할, 즉 육아, 간병, 방범 등은 이웃이나 지역이 대신할 수 있지 않을까.『마음을 연결하는 집』[1]에서는 어느 정도 금전적 보상이 따르는 개방적인 상부상조의 장소로서 외부로 개방된 주택을 제안했다. 한편 지금까지 설명했듯 현실에서도 정보 기술의 발전으로 작은 경제가 가능해지기도 했다.

생활하는 사람을 단순한 소비자로서만 포착하는 것이 아니라 작은 경제를 낳는 생산자라는 관점으로도 포착했을 때

[1] 야마모토 리켄 외 지음,
    『마음을 연결하는 집: 더불어 사는
    공동체, 지역사회권』, 이정환 옮김,
    안그라픽스, 2014.

집합주택을 비롯한 주택을 프라이버시 지상주의의 시설이 아닌, 개방된 생활환경으로 계획할 수 있다.

작은 경제라는 활동은 개인이 타인이나 지역사회를 상대하는 활동이다. 그래서 이 활동에 착안한다는 것은 개인의 생활이 내포하는 다양한 행위나 관계를 존중하고 타인과 지역사회와의 교류를 전제하겠다는 의미다.

작은 경제에 착안하여 만든 식당이 딸린 아파트는 지역사회와 연결된 하나의 생활환경이다. 작은 경제와 관련된 용도를 복합하면서 입체적으로 배치한 공간 구성이나 프로그램 상호의 경계를 융합하여 공간화하는 디자인, 그리고 용도의 복합으로 상승효과를 발휘할 수 있게 하는 소프트웨어의 디자인을 통해 거리에서 사적인 공간까지 자연스럽게 연결되어 있다.

식당이 딸린 아파트

건축명: 식당이 딸린 아파트 | 위치: 도쿄도 메구로구

용도: 집합주택, 식당, 공유오피스 | 대지 면적: 139.89m²

건축 면적: 97.56m² | 연면적: 261.13m² | 최고 높이: 9,800mm

설계 기간: 2011. 12. – 2013. 4. | 시공 기간: 2013. 5. – 2014. 3.

규모: 3층, 지하 1층 | 주 구조: 철골조, 일부 철근콘크리트조

설계 협력: – | 구조 설계: 스즈키 아키라, ASA

설비 설계: ZO설계실 | 시공: 오가와건설

작업실이 있는 주택으로 이루어진 일자집

고혼기의 집합주택五本木の集合住宅은 2017년 10월에 준공된 프로젝트다. 이 프로젝트도 "작은 경제"에 착안하여 직장과 주거를 일체화시킨 주택 세 가구로 이루어진 공동주택이다. 그중 두 가구는 임대주택이고 나머지 한 가구는 오너의 사무실을 겸한 상가주택이다. 세 가구 모두 남쪽의 전면 도로를 면하여 입구가 설치되었다.[1]

고혼기의 집합주택은 식당이 딸린 아파트와 비슷한 점이 많지만 질적인 차이도 있다. 이에 관하여 차례로 설명해 보기로 하자.

계획은 단순하다. 사적인 장소와 외부 사이에 작업실로서의 '스튜디오'를 끼워 넣는 것이다. 이런 중간 영역으로서 기능하는 작업실의 위치는 식당이 딸린 아파트와 같다. 다만 스튜디오의 공간이 크다. 임대주택의 스튜디오는 천장 높이가 3.4미터이고[2] 오너의 사무실을 겸한 상가주택의 스튜디오는 2층 천장과 통해 있다.[3]

스튜디오의 공간을 크게 만든 이유는 작업실과 사적인 공

1──세 가구의 주택이 남쪽으로 거리에 면해 있다.

2——임대주택 스튜디오. 거리에 면해 있다.
3——사무실을 겸한 상가주택의 스튜디오
4——사무실 상가주택의 주방은 스튜디오와 주택 사이에 설치한다.

간 사이에 공간적 여유를 주고 싶었기 때문이다. 물론 바닥층 주택으로서 고려해야 할 점, 예를 들면 야간에 시선은 차단하면서 채광과 통풍은 확보해야 한다는 점을 고려하여 높은 창을 설치하고 싶었던 것도 이유 중 하나다.

임대주택의 1층은 스튜디오에서 안쪽으로 들어갈수록 방이 작아지고 천장이 낮아져 사적인 느낌이 증가한다는 점도 식당이 딸린 아파트와 같다. 또 목조이기 때문에 아래층과 위층 간의 방음이 중요했는데, 특히 침실이나 욕실, 주방에 해당하는 영역은 천장과 슬라브의 공간을 크게 확보하고 천장을 매달기 위한 대들보를 따로 설치했다. 거주전용주택이 아닌 경우 방음 문제는 매우 신중하게 다루어야 하는데 방음 시험 결과를 보면 상당히 양호한 편이다.

오너의 상가주택은 스튜디오 안쪽의 2층(임대 영역의 상부)이 주택 영역이다. 다이닝 키친을 주택과 사무실 사이에 설치하려는 목적이었다.[4] 그리고 그 공간을 약간 외부 같은 분위기로 만들었다.[5] 이렇게 하면 평일 낮에 사무실에서 다이닝 키친을 사용하기 편하다. 이곳은 실제로 회의실로 사용되거나 사무실 직원들이 간식을 먹는 장소로 이용되고 있다. 개

5 —— 구체적으로는 외벽이 포함되어 있거나 바닥재를 현관과 동일한 재료로 마감하여 외부를 의식하게 했다.

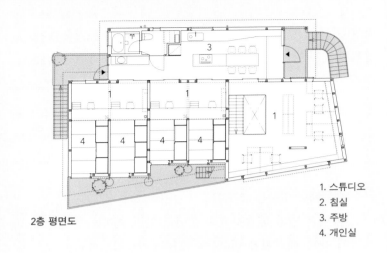

2층 평면도

1. 스튜디오
2. 침실
3. 주방
4. 개인실

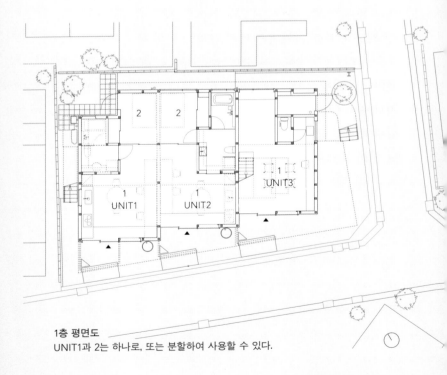

1층 평면도
UNIT1과 2는 하나로, 또는 분할하여 사용할 수 있다.

인실 네 개는 각각 독립되어 있으며 각각 작은 스튜디오가 병설되어 있다.[6] 이 스튜디오는 아이들에게는 공부방이며 마음에 드는 물건 등으로 장식하는 갤러리다. 부모에게는 집안일을 하는 방 또는 서재다. 이런 작은 스튜디오를 개입시켜 외부 같은 분위기의 다이닝 키친으로 연결했다. 상가주택 안에 더 작은 상가주택(개인실＋작은 스튜디오)이 들어가 있는 셈이다.

건축의 형태로 빗물을 모으다

다만 이 고혼기의 집합주택은 식당이 딸린 아파트의 단순한 재현이 아니다. 시야를 좀 더 넓혀 '순환'이라는 관점을 적용하려 한 시도다.

작은 경제는 사람과 사람의 교류가 지역 안에서 순환하는 것을 가리킨다. 사회적인 순환이다. 여기에 더하여 이 프로젝트에서는 환경적인 순환을 도입하고자 했다. 중간 영역으로서의 스튜디오를 자연에너지로 지탱하려 한 것이다. 스튜디오가 신체적 정신적으로 편안함을 준다면 일이나 커뮤니케이션의 질 역시 풍요로워질 것으로 생각했기 때문이다.

구체적으로는 빗물을 모아 이용하는 방법으로 말이다.

6 ──── 작은 스튜디오

2층의 들쭉날쭉한 지붕은 개인실 단위를 나타냄과 동시에 빗물을 모으는 장치다. 잘게 층이 난 지붕은 빗물을 분산시켜 각자의 빗물 통을 채운다. 빗물 통은 2층의 베란다와 1층의 처마 밑에 배치되었다. 강수량, 집수 면적, 빗물 통의 용량을 균형 있게 맞추었다.[7]

1층의 처마 밑은 간판이나 가구를 놓아 작은 경제활동을 지원하는 장소다. 그와 동시에 모인 빗물을 보수성保水性이 있는 식물 재배용 루버나 화단에 뿌리면 살수 효과로 시원한 바람을 만들어낸다.[8] 식물 재배용 루버의 기초 재료는 고체형 배양토인데, 흙에 혼합한 수지의 작용에 따라 배양토가 부서지지 않는다. 보수성 높은 고체형 배양토 덕분에 표면 온도가 낮아지고 식물의 증산작용이 더해져 청량감도 얻는다. 커다란 유리창 너머로 식물이 바람에 흔들리는 모습을 보면 바람을 눈으로 경험하는 것 같다. 창문을 열면 기분 좋은 바람이 흘러들어온다.[9][10] 이런 현상들은 빗물과 그 빗물을 이용하기 위한 장치들로 만들어진다.

◀ 7──1층의 빗물 통은 한 개에 68리터가 모이며 식물에 줄 수 있는 2주일분의 물을 저장할 수 있다.

8──처마와 식물 재배용 루버는 빗물을 이용한다는 것 이외의 목적도 있다. 1층 스튜디오를 남쪽으로 면하게 하여 거리에 개방하고, 처마의 높이나 깊이를 조절하는 방법으로 겨울에는 햇살이 실내까지 닿지만, 여름에는 닿지 못한다. 처마 밑에 설치한 식물 재배용 루버는 바닥층에 요구되는 시선 차단 효과 외에 일조량 조절도 겸하는 것이다.

9──UNIT2의 스튜디오
작은 사무실로 사용되고 있다. 사진: 2017년 2월 촬영

10 —— UNIT3의 스튜디오
필자가 운영하는 건축설계 사무실로 사용되고 있다. 사진: 2017년 2월 촬영

두 가지 순환을 겹치다

지구적 차원에서 물의 순환은 물이 잠시 머물렀다가 이곳저곳으로 흐르는 형태다. 일반적으로 건축은 비에 대해 폐쇄적이다. 빗물은 무엇보다 먼저 피해야 할 대상이며 한시라도 빨리 흘려보내야 할 존재이지만 여기에서는 각자의 빗물 통에 빗물을 일시적으로 저장하는 방법으로 온열 환경의 효과와 연결하려고 시도했다. 그것도 즐거움을 동반하는 형식으로.

고혼기의 집합주택은 이를 위한 건축 형태다. 지붕, 처마, 식물 재배용 루버라는 건축의 다양한 엘리먼트를 연구하고 조합했다. 물의 순환과 나눔을 이용하여 중간 영역으로서의 스튜디오가 온열 환경적으로 쾌적해지기를 바랐다.

인적 교류를 위한 개방과 편안한 마음을 위한 개방을 함께 생각했다. 작은 경제라는 사회적social 순환의 장소를 환경적 ecological 순환 안에 자리매김하려 한 것이다.

두 가지 순환을 함께 생각했다는 것은 이런 의미다.

식당이 딸린 아파트에서는 용도를 복합하면 지나치게 복잡한 형태가 될 수 있기에 단순한 형태로 정리했다. 외벽 스팬드럴

(천장과 벽 또는 기둥으로 이루어진 면—옮긴이)과 섀시 틀을 완전히 합친 것이 그 예다.

한편 이 고혼기의 집합주택에서는 각 엘리먼트가 마치 순환을 위해 모인 것처럼 보인다. 용도나 엘리먼트가 복합적으로 조성된 형태의 이점, 다시 말해 '다양함은 좋은 것이라는 사실을 가벼운 형태로 표현하려고 했다.

고혼기의 집합주택
건축명: 고혼기의 집합주택 | 위치: 도쿄도 메구로구
용도: 집합주택 | 대지 면적: 198.32㎡ | 건축 면적: 134.91㎡
연면적: 219.46㎡ | 최고 높이: 7,300mm
설계 기간: 2016. 1.–2016. 12. | 시공 기간: 2017. 1.–2017. 10
규모: 2층 | 주 구조: 목조 | 설계 협력: –
구조 설계: 스즈키 아키라, ASA | 설비 설계: ZO설계실
시공: 에이코건설

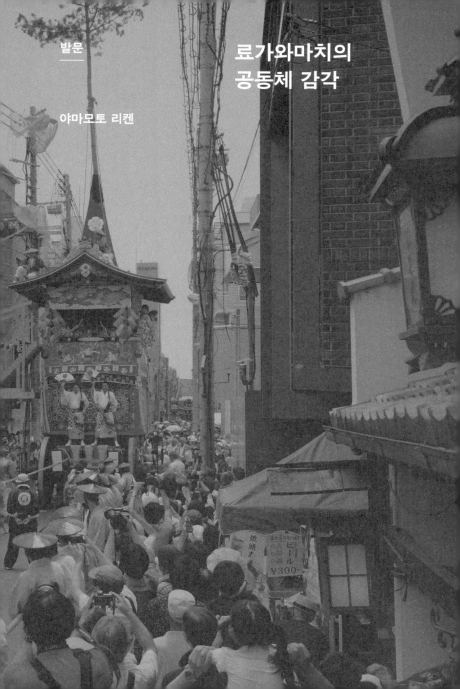

료가와마치의
공동체 감각

야마모토 리켄

헤이안쿄(교토의 옛 이름으로, 794년부터 1868년까지 일본의 수도였다.—옮긴이)는 원래 "사방 120미터의 구획이 기본적인 구획으로, '마치町'라고 불렸다."[1]

사방 120미터의 마치는 다시 택지로 분할되어 신분이 높은 사람이 더 큰 택지를 받았다. "일반 주민에게는 '사행팔문四行八門이라는 시스템을 적용하여 동서 방향으로 4분할, 남북 방향으로 8분할이라는 식으로 규칙적으로 분할되었다."[II]라고 한다.

헤이안쿄의 도시계획은 질서 정연하게 구획이 정리된 마치 단위의 그리드 플랜이었다. 하지만 이 마치 단위는 12세기와 15세기 사이에 걸쳐 변형된다. 구획이 아니라 구획과 구획 사이의 도로를 중심으로 형성된 공간이 일상생활을 전개하는 활동 공간이 되었기 때문이다. 도로를 사이에 두고 서로 마주보는 양쪽의 집을 하나로 통합한 듯한 일상생활이다.

나루미 구니히로는 이를 료가와마치兩側町(거리町의 양쪽兩側이라는 뜻—옮긴이)라고 부른다. 이렇게 료가와마치가 된 이유는 각 집이 도로를 면하여 활발한 경제활동을 펼쳤기 때문이었다. 단순히 생활하는 것뿐 아니라 적극적으로 가게를 운

<hr />

앞쪽
기온마쓰리는 료가와마치 사람들이 여는 축제다. 야마보코(받침대 위에 산 모양을 만들고 창이나 칼을 꽂은 화려한 수레—옮긴이)는 료가와마치 공동체의 심벌이다.

I 鳴海邦碩, 『都市の自由空間 ─ 街路から広がるまちづくり』, 六五頁, 学芸出版社, 2009.

II 鳴海邦碩, 위의 책, 六五頁, 2009.

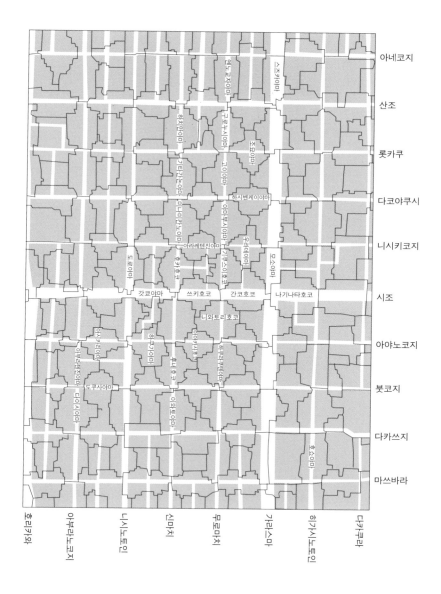

아네코지
산조
롯카쿠
다코야쿠시
니시키코지
시조
아야노코지
붓코지
다카쓰지
마쓰바라

(세로 레이블 왼쪽부터)
호리카와
아부라노코지
니시노토인
신마치
무로마치
가라스마
히가시노토인
다카쿠라

(지도 내 명칭)
야노쿠지야마
스즈카야마
하치만야마
구로누시야마
조야마
고이야마
하시벤케이야마
기타간논야마
이와토야마
아시카가야마
하시벤케이야마
야마부시야마
아라레텐진야마
우라데야마
호카호코
기쿠스이호코
모스야마
에기마이야마
갓교야마
쓰키호코
간코호코
나기나타호코
아부라텐진야마
니와토리호코
하쿠가야마
다이샤야마
도쿠사야마
다이야토야마
호나가레야마
하쿠라쿠텐야마
손쇼야마

1——기온마쓰리 야마보코초의 구성

영하려 한 것이다. 도로를 면하여 가게가 늘어서면서 구획과 구획 사이의 길은 그 가게에 가장 중요한 공간이 되었다. 가게에는 마치의 외부에서도 많은 고객이 찾아왔기에 이웃한 가게들은 눈앞의 도로를 아름답게 유지하기 위해 함께 노력해야 했다. 어떻게 해야 료가와마치 전체를 아름답게 유지하는가 하는 문제가 각 가게의 경제적 이익에 직접적인 영향을 미치게 된 것이다.

1은 기온마쓰리에서 볼 수 있는 야마보코초의 구성이다. 야마보코초는 서로 마주 보는 가게로 구성되며 십자로를 교차로로 삼는, 거북이 등껍질 모양으로 분할된 택지로 이루어져 있다. 야마보코초는 사방 120미터 구획으로 정리된 마치가 아니라 도로 단위의 료가와마치다. 기온마쓰리는 이 료가와마치의 공동체가 운영하는 축제다.

료가와마치를 구성하는 집은 마치야町屋[2]라고 불렸다. 마치야는 가업을 이어가는 집이다. 료가와마치에 사는 사람들은 결속력이 매우 강했다. "길을 사이에 둔 상인들이 자기들 가게의 실적 향상과 안전을 추구하여 합심했기 때문이다. 즉 료가와마치는 시가지를 구성하는 공간적인 단위인 동시에 사회적

2——교토/마치야
1층 평면도
(야마모토 리켄 작도)

중간 영역

가게　　가운뎃방　　객실　　마당

현관　　복도

집단의 단위이기도 했다."I

　"사회적 집단의 단위"는 이른바 커뮤니티 단위다. 료가와 마치의 마치야는 상부상조하면서 마을을 아름답게 유지하기 위한 규칙을 스스로 만들고 이를 지키기 위해 강한 자치권을 행사했다. 상부상조하기 위한 규칙을 스스로 만들고 이를 지키려 하는 의식을 공동체 감각community sense이라고 한다. 라틴어로는 센수스 콤무니스sensus communis, 영어로는 커먼 센스common sense다.II 커먼 센스는 일본어로는 "상식" 등으로 번역되어 본래 의미를 알기 어려워졌지만, 문자 그대로 "공동체 감각"III이다. 나라는 개인은 단순한 개인이 아니라 공동체의 일원이라는 감각이다. 료가와마치 같은 공간과 함께 존재함으로써 누구나 공동체 감각을 실감하고 지속성을 확신할 수 있었던 것이다.

　료가와마치는 지역공동체, 즉 커뮤니티다. 커뮤니티란 건축 공간, 도시 공간에 대한 귀속 의식이며 경제적 이해를 공유하는 단위다. 그 지역에 지속적으로 살고 싶어 하는 장소에 대한 애착이며 그곳을 언제까지나 아름답게 유지하고자 하는 주민의 미의식이다.

I　鳴海邦碩, 앞의 책, 六五頁, 2009.

II　ハンナ・アーレント(著), ロナルド・ベイナー(編集), 伊藤宏一(翻訳), 『カント政治哲学の講義』, ―――頁, 法政大学出版局, 1987.

III　ハンナ・アーレント(著), ロナルド・ベイナー(編集), 伊藤宏一(翻訳), 위의 책, ―――頁, 1987.

공동체 감각은 자기들의 비즈니스와 함께 존재하는 료가와마치의 도시 공간을 아름답게 유지하려는 강한 의지로써 지탱되고 있었다. 실제로 교토 료가와마치의 경관은 국가 경제의 횡포(상속세법)로 상당히 파괴되었다고는 하지만 지금도 어느 정도 아름다움을 유지하고 있다.

그렇다면 이런 가업이 있는 료가와마치와 달리 무가武家의 집은 어떠했을까.

"막번체제(막부幕府와 여러 번藩이 지배하던 일본 근세의 정치체제―옮긴이) 아래에서 사무라이들은 현대 도시의 샐러리맨과 비슷한 입장으로, 그들의 주거지는 각 번에서 이른바 급여주택이었다."[1]

이 급여주택의 문은 도로를 면해 있었다. 대문은 주인의 격식에 따라 엄밀하게 정해졌으며 신분이 높은 사무라이일수록 더 멋진 대문을 만들 수 있었다. 대문으로 들어가면 앞마당이 나타나고 그 앞마당에 이어 다시 현관이 나타난다. 현관에서 현관 마루, 그리고 곁방, 그 안쪽에 객실이 위치하는 배치가 일반적인 무가 주택의 구성이다. 객실은 손님을 정식으로 맞이하기 위한 장소, 즉 공적인 공간이다. 도로를 면하여

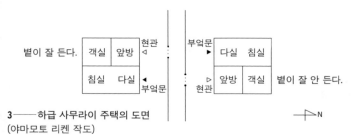

3──하급 사무라이 주택의 도면
(야마모토 리켄 작도)

공적인 공간이 있고 그 안쪽에 가족의 생활을 위한 사적인 공간이 있는 구성이었다. 이 배치에는 예외가 없었다.ǁ 봉록을 받는 상급 사무라이의 주택에서 급여를 받는 하급 사무라이의 주택까지 똑같은 구성이었던 것이다. 하급 사무라이가 생활하는 주택의 연면적은 당연히 작다. 그래서 하급 사무라이의 집에서 객실은 공적인 공간인 동시에 가정의 일상적인 거실을 겸했다.

문이 도로 북쪽에 위치한 집에서는 객실의 정면이 북쪽을 향하게 되어 당연히 일조량이 나쁘다.[3] 그래서 에도시대 후기에 이르면 "각 번에서 객실을 남쪽에 두는 사무라이 주택이 점차 증가했다."ǁǀ라고 한다. 도로와의 관계(공적 관계)보다 쾌적한 생활이 더 중요해진 것이다. 사무라이 주택은 도로와 직접적인 관계가 없다. 서로 마주 보는 집과 직접적인 관계도 없다. 단순히 도로를 향하여 격식을 보일 뿐이었다. 성으로 출퇴근하는 사무라이에게는 도로를 개입시켜 공동체적 관계를 맺을 필요가 전혀 없었다. 외부와의 관계가 필요하지 않은 주택은 쾌적한 사생활을 확보하는 쪽으로만 달린다. 객실이 남쪽을 향하는 것은 당연한 현상이었다.

ǀ 平井聖, 「男の座 女の 座」, 『住居論』栞・Appendix2, 住まいの図書館出版局.

ǁ 平井聖, 위의 책.

ǁǀ 平井聖, 위의 책, Appendix3.

료가와마치라는 주거 형식이 존재하는 한편, 도로와는 거의 관계가 없는 무가 주택이 존재한다. 무가 주택에서 도로는 성과 주택을 연결하는 단순한 교통 인프라에 지나지 않았다. 이 두 가지 주거 형식은 전혀 다르다. 무엇보다 도로와 집의 관계가 다르다. 도로를 중심에 두는 커먼 센스는 무가 주택에서는 생각해 볼 필요도 없었다.

이 하급 사무라이의 주택이 이후 전용주택의 모델이 되었다. 사무라이의 주택은 성으로 출퇴근하는 샐러리맨(공무원)의 급여주택이었으므로 이후 공무원이나 샐러리맨 주택의 모델이 된 것은 당연한 현상이었다. 건축가들도 이 주택을 모델로 삼아 샐러리맨 주택을 설계했다.

일본의 주택 역사 연구는 주택 계획의 변천에 관한 연구다. 막번체제하 하급 사무라이의 주택, 그 영향을 받은 샐러리맨(임금노동자)의 주택, 그리고 전후 공영주택으로 흘러갔다는 매우 단순한 역사다. 일찍이 압도적 다수파였을 료가와마치의 주택에 대한 관점은 완전히 누락되었다. 건축가들도 필사적으로 샐러리맨의 주택 모델을 만들려 노력했지만 새로운 료가와마치의 주택 모델은 만들지 않았다. 전혀 안중에도 없었다.

지금의 주택은 샐러리맨(임금노동자)을 위한 주택이다. 건축가뿐 아니라 사회학자, 경제학자, 정치학자도 이것이 유일한 주택 모델이라고 믿고 있다. 1가구 1주택 모델 말이다. 1가구 1주택이라는 주택은 임금노동자 가족이 살기 위해서만 개발된 특별한 구조의 주택이다. 그런데 사람들은 그것이 표준적인 주택이라고 믿고, 그런 표준적인 주택에서 살고 있다고 생각한다. 그리고 지금의 사회는 그런 주택을 전제로 삼으며 조립되고 있다. 교통 인프라도, 에너지 인프라도, 사회보장제도도, 지금 일본의 사회제도 자체가 1가구 1주택 모델을 전제로 조립되고 있는 것이다.

임금노동이 앞으로도 가장 유력한 노동 방식일까? 1가구 1주택 모델이 유일한 거주 형식이라는 사고방식은 앞으로도 유효할까? 만약 이미 유효성을 잃어버렸다면 1가구 1주택을 대신하는 미래의 주거 형식은 어떤 식으로 설계할 수 있을까? 그 가능성은 우리 건축가가 어떤 건축 공간, 도시 공간을 설계할 수 있는가 하는 상상력에 달렸다.

미래의 건축 공간, 도시 공간은 과거의 료가와마치 같은 아름다운 마을이어야 한다. 주민들이 아름답다고 공감하는 마을이어야 한다. 주민들 누구나 이런 마을에 살고 싶다고, 앞으로도 계속 이 마을에 살고 싶다고 생각하는 그런 미래의 마을을 우리 건축가는 어떻게 설계할 수 있을까.

2016년 베니스건축비엔날레에 참가했다. 일본관에서 기획한 전시는 야마나 요시유키 씨의 큐레이션을 바탕으로 젊은 건축가 열두 그룹의 작품을 전시하는 것이었는데, 다행스럽게도 우리의 식당이 딸린 아파트도 참가할 수 있었다. 전시 준비를 위해 현지에 2주일 정도 체류했다. 어느 정도 여유 있는 일정이었기에 매일 저녁이면 작업을 끝내고 우리와 마찬가지로 서서히 완성되어 가는 다른 나라의 전시를 살펴보았다. 사회성이 강한 건축으로 유명한 알레한드로 아라베나가 총감독이라서 그랬는지 각국 전시는 커뮤니티를 다룬 사례가 많았다. 그중 몇 개는 생업에 착안한 것이었으며, 그런 전시를 담당한 큐레이터나 건축가와 의견을 교환할 수 있었던 것은 상당히 의미 있는 기회였다. 커뮤니티는 내발적이고 지속적이어야 하므로 건축만으로는 일상생활을 지탱할 수 없다. 당연히 생업과 함께 생각해야 한다. 정보 기술의 발전이나 일하는 방식의 변혁도 새로운 생활상을 초래할 것이었다. 그런 예감과 더불어 그곳에서 일하는 사람들을 알게 된 것은 커다란 수확이었다. 일본관이 심사 위원 특별 표창을 받은 것도 정말 기쁜 일이었다. 게다가 도시 거주에 대한 제안을 높이 산 것이 이유였기에 더욱 기뻤다.

비엔날레에서의 전시가 계기가 되어 몇 가지 교류가 시작되었는데, 2017년에는 비트라디자인뮤지엄에서 연 전시 〈Together!〉에 초청받았다. 특징적인 집합주택을 스무 개 남짓 모은 전시였는데, 식당이 딸린 아파트를 포함한 네 개 작품에는 상설 전시 공간을 마련해 주어 큐레이터와 직원들과 의논하면서 전시를 만들었다. 그런 배경이 있었기에 역시 오프닝에도 참가하여 출전자들과 이야기를 나누고, 견학할 수 있는 곳은 실제로 견학하기도 했다. 전시되어 있던 집합주택은 간단히 말하면 공동체를 정의하는, 그 지역사회를 정의하는 듯한 집합주택이었다. 예를 들면 한 주택은 가족의 윤곽이 없는 집합주택으로, 공동 주방이 지역에 개방된 카페로도 사용된다. 또 햇병아리 음악가를 위한 한 집합주택은 연습실과 병설된 카페가 근처 주민을 불러 모은다.

토지 사용 방법도 눈에 띄는 것들이 있었다. 이런 집합주택들은 공공의 토지를 시행사에게 장기간 임대하는 방식으로 운영되었는데, 주택의 내용이나 지역사회와의 관계를 심사받았다고 한다. 비트라에 전시된 집합주택은 전위적인 것들뿐이고 아직 소수이기는 하지만 실천적인 예가 증가하고 있다는 사실 자체가 획기적이라고 큐레이터는 해설해 주었다.

두 전시에 참가하면서 거주전용주택의 대안alternative을 찾는 세계적 태동을 느꼈다. 생업을 조합한 지역사회와 관계가 있는 주택. 시대의 커다란 전환기에 어떻게 생활의 터전을 획득하는가. 건축의 주제가 거주전용주택의 대안으로 향한 것은 놀라운 일이 아니다.

그런 공감을 느끼는 동시에 위화감도 남았다. 주택의 문제에 대해서는 여전히 닫혀 있는 듯한, 어쨌든 사람들의 관계에서 흥청거림만이 강조되는 데에 대한 위화감이다. 전시에서 볼 수 있는, 지나치게 긍정적인 측면에 편중한 표현 방법을 말하는 것이 아니다. 주택이 전제로 삼고 있는 것을 의식하고 있는가 하는 데서 느껴지는 위화감이다. 분리·전업화가 근대화의 수법이라고 한다면 근간은 1가구 1주택 시스템이며, 핵가족을 위한 거주전용주택은 이 시스템이 낳은 건축이다.

거주전용주택의 대안을 만드는 것만으로는 부족하다. 정말로 만들어야 할 것은 1가구 1주택 시스템의 대안이다. 건축가는 주택의 전제를 점검해야 한다. 주택을 통해 작은 경제권을 형성하는 것은 절실한 문제다. 본질적으로는 새로운 건축이 필요한 것이다.

"원전 반대"라고 말하면 즉시 반론에 부딪힌다. 안정적으로 공급되는 전력에 의지하여 일상생활을 하는 주제에 안정적인 공급의 원점인 원자력발전을 부정하는 것은 본질적인 모순이라는 비판이 돌아온다. 확실히 이런 탈원전 비판은 올바른 비판처럼 들린다. 지금 우리의 생활양식, 즉 1가구 1주택이라는 시스템을 유지하고 있는 한 탈원전 비판은 확실히 설득력 있게 들린다.

1가구 1주택은 각 주택의 구석구석까지 에너지를 공급하는, 그리고 각 개인이 그 에너지를 마음껏 자유롭게 사용할 수 있는 생활양식이다. 하지만 그럴 경우 전력 소비의 정점이 아침과 저녁에 극단적으로 편중된다. 샐러리맨(임금노동자) 가정은 노동자가 출근하기 전과 귀가한 후에 소비 전력이 엄청나게 올라간다. 이에 따라 전력 공급 구조를 정점이 되는 시간에 맞춰 고려해야 하므로 안정적인 공급에 대한 수준은 자연히 향상된다. 문제는 전력 설비가 도심에서 멀리 떨어진 장소에 있다는 점이다. 후쿠시마원자력발전소는 도쿄 도심으로부터 220킬로미터 이상이나 떨어진 곳에 위치해 있다. 그곳에서 대량의 전력을 만들어 간토 일대에 공급한다는, 효율성이 매우 낮은 시스템이다. 핵분열로 발생하는 방사성 폐기물을 처리할 수 있는 방법이 없다는 점은 논외로 치더라도, 그 뜨거운 물질을 자연계에 버리고 있다는 점이 문제다. 고열을 발생시켜 수증기를 생성하고, 그 수증기로 터빈을 돌려 전력을 만드는 열기관이 원자력발전이다. 수증기가 동력원이라는 점에서는 증기기관차와 같다. 이건 지나치게 19세기적이다. 시스템 자체가 깔끔하지 않다. 아름답지 않다. 건축가로서 그렇게 생각한다.

실제로 원자력발전으로 에너지를 생산해서 전력으로 환원되는 에너지는 불과 30퍼센트 정도다. 나머지 70퍼센트는 열이다. 그리고 그것을 모두 바다에 버린다. 그 때문에 후쿠시마원자력발전소 주변의 해수 온도는 방출구에서 3킬로미터 범위까지는 1-3도 정도 높다고 한다.|

원자력발전이 아니더라도 발전기를 돌리면 반드시 열이 발생한다. 그 열을 어떻게 회수하는가, 어떻게 사용하는가 하

| 후쿠시마현 웹사이트
https://www.pref.fukushima.lg.jp/site/portal/
(2025년 1월 10일 접속)

는 문제가 에너지 정책의 핵심이어야 한다. 하지만 지금은 에 너지의 생산과 소비의 구조가 전혀 맞지 않는다. 열에너지는 보존하기 어렵다. 멀리 떨어져 있는 장소로 보낼 수 없다. 발 생하면 그 장소에서 즉시 사용해야 한다. 이 말은 발전기는 많 은 사람이 거주하는 장소 바로 근처에 있어야 열효율의 관점 에서 절대적으로 유리하다는 뜻이다. 원자력발전소를 도쿄 한 가운데에 만든다면 지역 냉난방도 간단히 해결할 수 있다. 해 수 온도를 높이기보다 환경에 공헌할 수 있다. 탈원전을 반대 하는 사람은 반드시 장려해 주기 바란다. 멀리 떨어져 있는 설 비를 이용해서 대규모로 전력을 생산하는 현재의 에너지 정책 은 그 자체가 가장 큰 모순이다.

전력을 지역사회 내부에 만들어 그 장소에 어울리는 생산 시스템, 소비 시스템, 그리고 그 양쪽이 상호 보완하는 형식의 에너지 정책을 갖추어야 한다. 예를 들면 열병합발전cogene-ration 같은 소규모 발전장치를 만들어 발전을 하는 동시에 열 원이 되는 시스템이 있다. 그렇다면 단순히 거주전용 1가구 1주택에 공급하는 것만으로는 원활하게 진행하기 어렵다. 이 미 설명했듯 소비 전력, 소비 열량이 정점을 찍는 시간이 편중되어 있기 때문이다. 하지만 그곳에 만약 보육원이 있고 노인복지 시설이 있고 대중목욕탕이 있다면, 또는 온실을 만들어 채소를 재배한다면, 또는 다양한 가게나 사무실이 공존한다면 소비 전력, 소비 열량이 정점에 이르는 시간은 분산될 것이고, 24시간 발전하여 열을 발생시키더라도 이를 효율적으로 소비하는 시스템을 고안할 수 있을 것이다. 에너지 문제는 단순한 생산 문제가 아니라 에너지를 사용하는 소비 시스템의 문제이기도 하다. 그런 에너지의 생산·소비 시스템을 조합한 생활 방식이 지역사회권 시스템이다. 1가구 1주택 시스템을 대신하는 새로운 주거 형식의 제안이다. 탈주택脫住宅이다. 탈주택은 탈원전이다.

집합주택을 되돌아보는 책을 만들어보지 않겠느냐는 권유를 받고 처음부터 기꺼이 받아들였다. 우리가 만든 과거의 작품 (제안)이 지금 돌이켜 보면 어떻게 보일지 확인해 보고 싶었다. 그렇게 알게 된 것은 현재의 1가구 1주택이라는 주택의 형식이 얼마나 자유롭지 못하고 얼마나 특수한 주택인가 하는 점이다. 이 주택은 20세기가 되어 발명된, 20세기라는 시대에 어울리는 주택이다. 그런데 우리는 지금도 이 특수한 형식의 주택에 강하게 구속되어 있다. 여기에서 말하는 우리란, 예를 들면 주택을 제안하는 건축가다. 그리고 행정이며 시행사다. 그리고 주택에 사는 주민이다. 나아가 이 특수한 주택을 통해 만들어지고 있는 지금의 사회라는 공간을 그대로 승인하고 있는 사람들이다.

앞으로의 주택은 극적으로 변화한다. 우리의 제안은 그 변화에 대한 작은 제안이며 시행착오다. 하지만 이런 시도는 건축가뿐 아니라 주민이 하는 시도이기도 하다. 여러 가지 문제는 있지만 그래도 지금 생활하는 주민이 조금이라도 이 시도를 마음에 들어 한다면 그보다 기쁜 일은 없을 것이다.

공동 집필자 제안을 받아들여 주신 나카 도시하루 씨, 책을 만들어보자고 처음 말을 걸어주신 마카베 도모하루 씨, 실제로 이 책을 정리해 주신 편집자 이마이 아키히로 씨, 아름다운 책으로 만들어주신 그래픽 디자이너 오카모토 다케시 씨, 그리고 가마이시의 가설주택까지 찾아가 주신 사진가 요시쓰구 후미나리 씨, 강남 주민들의 생생한 생활을 촬영해 주신 남궁선 씨, 출판을 받아들여 주신 헤이본샤의 직원 여러분, 가니사와 씨, 세키구치 씨, 정말 감사했다.

그리고 도면을 다시 그리고 정리해 주신(동일본 대지진 직후 내게 메일을 보내준) 후지스에 모에 씨, 고야스초등학교의 현장 감리를 보면서 도면이나 문장을 점검해 주신 야마모토 리켄설계공장의 다케다 간지 씨, 진심으로 감사의 말씀을 드린다. 덕분에 멋진 책을 완성할 수 있었다.

우리는 스스로 집을 짓지 않는다. 동물 대부분은 자기를 보호하기 위해서, 또는 필요에 따라 집의 위치를 정하고 자기만의 방식으로 짓는 반면에 인간 대부분은 산업화 이후 자신이 직접 집을 짓는 일은 불가능해졌다. 우리의 상황도 그리 다르지 않다. 서울은 1970년대부터 인구 증가와 개발 붐으로 수많은 고층 아파트가 지어지기 시작했다. 경제성과 시공사의 이윤을 목표로 건축된 아파트는 개개인의 상황이나 목적에 맞추지 못한다는 한계가 있음에도 경제성, 편리성, 환금성 등의 이유로 이제는 다른 유형의 집을 선택할 수 없을 정도로 고착화되고 있다. 우리에게 익숙한 상품으로서의 주거는 장점이 있겠지만, 이면에 우리가 알지 못한 어떤 폐단이 있는지 다시 한 번 돌아봐야 할 시점이 되었다.

　몇 년 전부터 뉴스에서 들려오던 층간 소음 문제는 이웃 간 다툼으로 번져 이제는 일상이 되었고, 이웃은 알 필요도 이해할 필요도 없는 관계가 되어 더욱 많은 문제를 야기하고 있다. 그리고 한쪽에서는 같은 아파트에서 사망한 지 몇 년 된 사체가 발견되는 등 고독사는 더 이상 남 일이 아니다. 사실 이런 뉴스는 오래전부터 있었으나 우리는 눈앞의 사고를 수습하기에만 급급할 뿐, 근원적인 문제와 해결책을 논의하고 있지 않다. 가족과의 단절, 이웃과의 단절로 이어지는 이러한 사회문제들은 우리 사회의 피로를 보여주는 단면이기도 하다. 이런 문제는 과연 우리가 받아들여야만 하는 삶인가?

1인 세대의 비율은 점점 늘어가고, 이웃이 만날 수 있는 기회는 점점 사라지고 있다. 저층형 집합주택으로 바뀌고 있는 동네의 1층은 필로티가 되어 어둡고 삭막한 주차장으로 변했고, 다세대주택에서는 같은 건물에 있는 옆집에 누가 사는지 몰라 두려운 대상이 된 지 오래다. 집은 더욱더 프라이버시를 중요시하며 폐쇄적인 공간으로 변해가고, 그런 밀실화된 집에서 혼자 살아가는 모습을 보면 마치 외로움이 밀려오는 끝없이 어두운 터널 같다. 그런데도 우리는 이런 문제를 뒤로하고 스스로 고립시키는 집에서 홀로 지내야만 하는가?

우리는 집으로부터 시작한 이러한 사회문제에 관해 함께 이야기하며 해결해 나가야 한다. 우리가 직면한 주택 구조가 어떻게 시작되어서 어떻게 이어졌는지를 살펴보면 우리의 선택으로 지금의 집이 만들어지지 않았다는 사실을 쉽게 알 수 있다. 수요자의 삶은 배제한 채 공급자의 입장에서 짓는 집은 지금까지 이어지고 있다.

이제는 우리가 어떤 삶을 살 것인지, 현시점에서 통용되는 이웃이라는 개념을 어떻게 재구축해야 할지 주체적으로 관심을 가져야만 한다. 그래야 바뀔 수 있다. 삭막한 도심 속에서 서로의 안부를 물으며, 함께 살아가는 우리가 겪는 외로움과 위험으로부터 어떻게 탈피할 수 있을지 건축가 역시 고민해야 한다. 이런 변화의 시점에서 공동 주거에 관한 방향과 제안을 논의하는 건축가들의 대화는 더욱 절실하다. 설계자는 단지 용역을 받아 공급자(클라이언트)의 요구에 맞춰 최대 수익을 내는 도구로서 집에 접근할 것이 아니라 집합주택에서 함께 살아가는 방식, 나아가 동네에서 함께 살아가는 방식 등 집이라는 개념에 좀 더 포괄적으로 접근해야 하는 시대가 되었다.

서울에서도 조금씩 변화가 생기기 시작했다. 다양한 포럼을 통해 현시점의 문제와 여러 제안을 함께 의논하고 앞으로 나아가야 할 방향에 대해 머리를 맞대고 고민하기 시작했다.

몇몇 제안 중 우리가 만들고 있는 써드플레이스는 건물에 국한한 관계를 넘어 몇몇 건물을 모아 오래된 동네를 변화시키는 시도로서 진행 중이다. 각 건물의 커먼 스페이스(공용 공간)엔 동네 길의 연장선으로서 복도나 계단이 형성되고, 그 사이사이엔 입주자들이 사용하거나 만날 수 있는 작은 공간들이 생겨 중간 영역으로서 기능한다. 건물과 도로 사이에 삭막한 입구만 있는 것이 아니라 시각적으로 자연스러운 분리를 위한 조경 영역이나 반#외부 공간, 빛이나 바람 등으로 둘의 관계를 더욱 풍성하게 연결한다.

써드플레이스에서 진행하는 각 건물의 입주자 프로그램은 입주자뿐 아니라 주변 동네 사람들도 참여할 수 있는 다양한 모임을 만들어 새로 이사 온 사람들과 기존 동네 사람들 간의 연계를 도모하는데, 이런 작은 활동을 통해 동네에 새로운 관계가 형성되고 서로 알고 지내게 되면서 지역 안전에 대한 믿음 역시 쌓이고 있다. 집과 집, 건물과 건물의 관계를 만들다 보면 자연스럽게 사람과 사람의 연결로 이어져 동네 아이덴티티가 형성되고, 나아가 함께 일궈나가는 주체적 동네 만들기가 가능하다는 것을 보여주려 하고 있다. 이런 써드플레이스를 시작할 때 야마모토 리켄의 강남하우징과 나카 도시하루의 식당이 딸린 아파트에 영향을 받았다. 내가 고민하던 사회문제를 정확하게 파악하고 바꿔나가려는 시도였기 때문이다.

이웃 일본의 건축가는 한국에서 오고 가는 이러한 사회적 건축적 고민에 대한 대안을 여러 지역에 다양한 규모로 보여주고 있다. 이 책에서 소개하는 사례들은 규모에 국한하지 않고 다양한 방식으로 새로운 이웃과 관계를 형성하고 유지해 나갈 수 있다는 가능성을 시사한다. 우리의 삶은 우리가 만들어나가야 한다는 의지와 욕구가 가장 중요할지도 모르겠지만, 결국 조금이라도 그런 상황을 현실화할 수 있는 건축적 제안도 많이 등장하길 바라며, 미래 세대가 좀 더 좋은 환경에서 살아갈 수 있도록 조금씩 변화를 꾀하면 어떨지 생각한다. 이런 변화를 시작으로 우리 주거 환경과 삶의 질도 높아지기를 기대한다.

도판 출처

오노 시게루 大野繁
　　p. 109

오하시 도미오 大橋富夫
　　p. 036(왼), 059(왼 아래), 063, 067, 071, 104, 114, 123, 124(왼 아래)

구마모토 아트폴리스 くまもとアートポリス
　　p. 069

사타케 고이치 佐武浩一
　　p. 166(위), 167

신건축 新建築
　　p. 056-057, 059(오른 아래), 079(위), 084, 208-209

도리무라 고이치 鳥村鋼一
　　p. 211, 215, 216, 254-255, 257, 261, 262, 264, 265

나카건축설계스튜디오 仲建築設計スタジオ
　　p. 210, 213, 214, 218(아래), 223, 224, 226, 227, 228, 231, 235,
　　238, 239, 240, 242, 243, 244, 248(왼), 256

《닛케이 아키텍처》 2000년 11월 13일 호, 미시마 사토루 三島叡
　　p. 082-083

야마모토리켄설계공장 山本理顕設計工場
　　p. 022-023, 035, 036(오른), 050, 076, 077, 079(아래), 116-117,
　　124(오른 아래), 130, 140-141, 144, 149, 164, 165, 166(아래),
　　170(위, 오른 아래), 171, 176 272, 274,

요시쓰구 후미나리 吉次史成
　　p. 086-087, 090, 091, 094, 095, 124(위), 136-137, 145, 158, 159,
　　217, 218(위), 219, 233, 234, 236, 241

아프로 アフロ
　　p. 268-269

©GA 포토그래퍼
　　p. 162-163, 174-175

남궁선
　　p. 180-181, 184, 185, 193, 198-199, 201, 203

판스이 潘石屹
　　p. 100-101